农村改厕实用技术（第一版）

NONGCUN GAICE SHIYONG JISHU

农业农村部农村社会事业促进司　编

U0255615

中国农业出版社

北　京

农村改厕实用技术（第一版）

编委会

主　　任　李伟国

副 主 任　何　斌

主　　编　付彦芬

委　　员　樊福成　纪忠义　陈梅雪　郑向群

　　　　　孔林汛　吉华祥　胡海娟　刘建水

　　　　　詹　玲　寇广增　李　鹏　黎　氢

　　　　　冯华兵　吴　江　王程龙　谢　希

　　　　　李登科　孙丽英　徐彦胜　刘　翀

审　　稿　施国中　陶　勇　朱昌雄　范　彬

　　　　　李子富　徐学东　沈玉君

插　　图　付小桐

编者按

　　习近平总书记强调，解决好厕所问题在新农村建设中具有标志性意义。为更好指导各地科学推进农村改厕工作，农业农村部农村社会事业促进司组织专家编写了《农村改厕实用技术》（第一版），对农村改厕基本知识、主要技术模式、日常管理维护等进行了普及介绍，供基层工作人员、技术人员等参考借鉴。

　　鉴于农村改厕技术发展较快，基层实践中也在不断创新完善，书中难免有不足之处，敬请批评指正。

　　我们将根据农村改厕工作进展和基层实践情况，对本书及时更新完善。

 目 录

01 第一章

概　　述

一、厕所革命的意义

小厕所、大民生。厕所卫生是衡量一个国家和地区文明程度的标志之一，体现着文明，也体现着人的尊严和基本权利。农村厕所革命关系到亿万农民群众生活品质的改善，是乡村振兴战略的一项重要工作。通过开展农村厕所革命，可以改善农村人居环境、提高农民生活质量，更是控制肠道传染病的有效措施。

根据世界卫生组织和联合国儿童基金会《联合监测规划2015年报告》，腹泻病是五岁以下儿童的第三大死亡原因。通过建造卫生厕所，防止粪便污染水源和环境，可以有效控制肠道传染病的发生和流行。

二、中国农村改厕历程

我国农村改厕始于新中国成立初期的粪便管理，到20世纪80年代的初级卫生保健，90年代开始的卫生城市与卫生村镇创建，再到如今厕所革命的全面开展，与国家社会经济的整体发展密切相关，同时也是对联合国《2030年可持续发展议程》的响应与落实。

1.初期的"除四害"与"两管五改"

新中国成立初期，乡村环境普遍不清洁、不整齐，街道院内杂乱不堪，不少地区人畜混居，畜粪多堆在院内，人无厕、畜无圈的现象极为普遍。粪便暴露，臭气熏天，蝇蛆乱爬，水井无盖且周围存在脏水坑、便所、粪堆等污染源，以致井水受到污染。痢疾、伤寒等肠道传染病高发，蛔虫病更为普遍，在儿童中患病率高达70%以上。1956年1月，中共中央政治局颁布的《全国农业发展纲要（草案）》提出了要消灭"老鼠、麻雀、苍蝇、蚊子"。全国由此开展了大规模的"除四害"运动，环境卫生、庭院卫生和个人卫生有了很大改善。

做好粪便、垃圾、污水的管理和利用，特别是做好人畜粪便的管理和利用，是除害灭病的重要措施。随着爱国卫生运动的开展，"两管五改"逐步推开，"两管"即管水、管粪，"五改"即改厨房、改水井、改厕所、改畜圈和改善卫生环境。1974年国务院76号文件指出，"在农村，要结合生产把水、粪的管理和水井、厕所、畜圈、炉灶、环境的改良，……长期坚持下去"。"两管五改"的工作理念、内容、方法、模式，对中国乃至世界都产生了深远影响。

2.改革开放促进了卫生厕所的发展

20世纪70～80年代，农业生产中化肥的使用量大幅增加，粪便作为肥源的重要性下降，很多地方任其污染水源、土壤等。国际上，不安全的供水、不卫生的厕所和未妥善处理的粪便给人们健康带来的威胁也越来越受到重视，1980年联合国第35届大会作出决定，从1981年至1990年发起一场为期10年的"国际饮水供应和环境卫生"活动，以解决全世界一半以上人口的安全饮水和环境卫生设施问题。我国政府对此表示赞同和支持，并由全国爱国卫生运动委员会（以下简称全国爱卫会）负责开展相关活动，争取了联合国有关组织及欧洲经济共同体等支持，引入了先进的改厕理念，在国内进行了有益探索。

80年代，河南省虞城县卫生防疫站宋乐信医师等研制出了双瓮漏斗式厕所，相对卫生清洁且具有粪便无害化处理功能，在当地得到了农民欢迎（图1-1）。与此同时，在南方地区出现了两格、三格式厕所，经

图1-1　宋乐信医师发明双瓮漏斗式厕所

过不断发展和完善，卫生厕所概念逐步确立。在全国爱卫会的组织下，1987年我国出台了第一个粪便无害化卫生标准。

3.20世纪90年代农村改厕全面推动

1993年9月，在河南濮阳召开了第一次全国改厕经验交流会，介绍了全国农村改厕的先进经验，带动了卫生厕所知识的普及，推动了卫生厕所在全国的建设和推广。1997年《中共中央、国务院关于卫生改革与发展的决定》指出："爱国卫生运动是我国发动群众参与卫生工作的一种好形式。……在农村继续以改水改厕为重点，带动环境卫生的整治，预防和减少疾病发生，促进文明村镇建设。"党中央、国务院的重视，对推动农村改厕起到了关键作用。

国际组织参与中国改厕始于"国际饮水供应和环境卫生"活动，联合国开发计划署首次将通风改良式厕所引入中国，在新疆、甘肃和内蒙古等地进行了试点。世界银行贷款农村供水与环境卫生项目将改厕和个人卫生教育与改水结合，示范推动改水、改厕、健康教育"三位一体"的模式，提出了"以改水为龙头，以健康教育为先导，带动农村改厕工作的开展"，其经验也在国际上广为传播。联合国儿童基金会从20世纪90年代初，配合中国政府五年计划开展了水与环境卫生的持续合作，范围包括农村社区、学校和卫生服务机构，为中国农村改水改厕工作带来了新方法、新技术、新模式及拓展项目。

4.21世纪改厕纳入国家发展规划

2000年《联合国千年宣言》确立了千年发展目标，其中目标之一是"到2015年，使没有获得安全饮水和基本环境卫生设施（厕所）的人口比例减半"，中国政府对此作出了庄严承诺。2002年颁布的《中国农村初级卫生保健发展纲要（2001—2010年）》提出，到2010年，我国东、中、西部地区的卫生厕所普及率分别达到65%、55%和35%。

2004—2008年，由全国爱卫会办公室组织实施了中央转移支付农村改厕项目，4年连续投入近13亿元中央补助资金，支持了近440万户无害化厕所建设，其中2006年集中在血吸虫病流行的7个省份，重点对血吸虫病流行的村实施卫生厕所全覆盖。中央财政资金主要用于地下粪便无害化处理设施的建设，保证厕所排出废物的安全性。这不仅体现了政府对农村环境问题的关注，更是从公共卫生的角度重视和解决农民的健康问题。

2009—2014年国家重大公共卫生服务农村改厕项目的实施，将改厕作为实现基本公共卫生服务均等化目标的重要内容，中央财政共投入70.7亿元，重点支持中、西部地区的农村改厕，缩小了中、西部地区与东部地区的卫生厕所普及率差距。

2015年7月，习近平总书记在吉林省延边朝鲜族自治州调研时指出，随着农业现代化步伐加快，新农村建设也要不断推进，要来一场"厕所革命"，让农村群众用上卫生的厕所。在习近平总书记的倡导下，厕所革命先后在城市、乡村、学校、旅游区及全国各地普遍开展起来。

2018年1月，中共中央办公厅、国务院办公厅印发《农村人居环境整治三年行动方案》，将推进厕所革命作为农村人居环境整治的主要任务之一。为迅速改变农村地区基础设施薄弱、农村卫生厕所普及率较低的现状，2018年由中央农村工作领导小组办公室牵头，8部委联合印发了《关于推进农村"厕所革命"专项行动的指导意见》，提出了思路目标、基本原则、重点任务及保障措施，指导各地有力有序扎实推进农村厕所革命。

三、规划与策略

1.规划目标

2018年中共中央办公厅、国务院办公厅印发的《农村人居环境整治三年行动方案》提出以下行动目标：

到2020年，实现农村人居环境明显改善，村庄环境基本干净整洁有序，村民环境与健康意识普遍增强。东部地区、中西部城市近郊区等基本完成农村户用厕所无害化改造，厕所粪污基本得到处理或资源化利用……管护长效机制初步建立。中西部有较好基础、基本具备条件的地区，力争卫生厕所普及率达到85%左右，生活污水乱排放得到管控。地处偏远、经济欠发达等地区，在优先保障农民基本生活条件基础上，实现人居环境干净整洁的基本要求。

2.实施策略

2018年12月由中央农村工作领导小组办公室牵头联合印发《关于推进农村"厕所革命"专项行动的指导意见》，提出了思路目标、实施原则、重点任务及保障措施。

（1）思路目标：

按照"有序推进、整体提升、建管并重、长效运行"的基本思路，先试点示范、后面上推广、再整体提升。推动农村厕所建设标准化、管理规范化、运维市场化、监督社会化，引导农民群众养成良好如厕和卫生习惯，切实增强农民群众的获得感和幸福感。

到2022年，东部地区、中西部城市近郊区厕所粪污得到有效处理或资源化利用，管护长效机制普遍建立。地处偏远、经济欠发达等其他地区，卫生厕所普及率显著提升，厕所粪污无害化处理或资源化利用率逐步提高，管护长效机制初步建立。

（2）基本原则：

①政府引导、农民主体。党委政府重点抓好规划编制、标准制定、示范引导等，不能大包大揽，把群众认同、群众参与、群众满意作为基本要求。

②规划先行、统筹推进。先搞规划、后搞建设，先建机制、后建工程，与乡村产业振兴、农民危房改造、村容

村貌提升、公共服务体系建设等一体化推进。

③因地制宜、分类施策。合理制定改厕目标任务和推进方案。选择适宜的改厕模式，不搞一刀切，不搞层层加码，杜绝"形象工程"。

④有力有序、务实高效。强化政治意识，明确工作责任，细化进度目标，确保如期完成三年农村改厕任务。坚持建管结合，积极构建长效运行机制。

（3）重点任务：

①明确任务要求，全面摸清底数。以县域为单位摸清农村户用厕所、公共厕所、旅游厕所的数量、布点、模式等信息，及时跟踪农民群众对厕所建设改造的新认识、新需求。

②科学编制改厕方案。因地制宜逐乡（或逐村）论证编制农村厕所革命专项实施方案，明确年度任务、资金安排、保障措施等。

③合理选择改厕标准和模式。农村户用厕所改造要积极推广简单实用、成本适中、农民群众能够接受的卫生改厕模式、技术和产品。鼓励厕所入户进院，有条件的地区要积极推动厕所入室。

④整村推进，开展示范建设。坚持"整村推进、分类示范、自愿申报、先建后验、以奖代补"的原则，有序推进，树立一批农村卫生厕所建设示范县、示范村，分阶段、分批次滚动推进，以点带面、积累经验、形成规范。

⑤强化技术支撑，严格质量把关。鼓励各地利用信息技术，对改厕户信息、施工过程、产品质量、检查验收等环节进行全程监督，对公共厕所、旅游厕所实行定位和信息发布。

⑥完善建设管护运行机制。各地要明确厕所管护标准，做到有制度管护、有资金维护、有人员看护，形成规范化的运行维护机制。

⑦同步推进厕所粪污治理。实行"分户改造、集中处理"与单户分散处理相结合，鼓励联户、联村、村镇一体治理。防止随意倾倒粪污，解决好粪污排放和资源化利用问题。

（4）保障措施：

①加强组织领导。进一步健全中央统筹、省负总责、县抓落实的工作推进机制，强化上下联动、协同配合。

②加大资金支持。重点支持厕所改造、后续管护维修、粪污无害化处理和资源化利用等，加大对中西部和困难地区的支持力度，优先支持乡村旅游地区的旅游厕所和农家乐户厕建设改造。

③强化督促指导。对农村改厕工作开展国务院大检查大督查，落实将农村改厕问题纳入生态环境保护督察检查范畴。建立群众监督机制，通过设立举报电话、举报信箱等方式，接受群众和社会监督。

④注重宣传动员。鼓励各地组织开展农村厕所革命公

益宣传活动，加强文明如厕、卫生厕所日常管护、卫生防疫知识等宣传教育。

02 第二章

基 本 知 识

▶

一、常用概念

1. 户厕

户厕是供家庭成员大小便的场所，由厕屋、便器、储粪池（化粪池或厕坑）等组成。

（1）建筑形式：可分为附建式户厕和独立式户厕。

建在住宅内或与主要生活用房联成一体的为附建式户厕，建在住宅等生活用房外的为独立式户厕。

（2）使用方法：按照便后是否使用水冲洗，可分为水冲厕所和旱厕。

使用水冲洗的，不论是自来水冲、高压冲水装置冲，还是舀水冲，均为水冲厕所；不用水冲洗的，包括加土、加灰覆盖或不覆盖的，均为旱厕。

2. 粪便无害化处理

粪便无害化处理是指减少、去除或杀灭粪便中的肠道致病菌、寄生虫卵等病原体，控制蚊蝇滋生，防止恶臭扩散，并使处理产物达到土地处理与农业资源化利用标准的处理过程。

粪便经无害化处理后可以当做肥料利用，因含有丰富的氮、磷等营养元素，不可排入水体，否则会造成水体的富营养化。

3. 卫生厕所

有墙、有顶、有排风口、有门，厕屋清洁、无臭，粪池无渗漏、无粪便暴露、无蝇蛆，粪便就地处理或适时清出处理，达到无害化卫生要求；或通过下水管道进入集中污水处理系统处理后达到排放要求，不污染周围环境和水源。

这里"卫生厕所"的定义，涵盖了《农村户厕卫生规范》（GB19379—2012）"无害化卫生厕所"的定义。

二、标准与规范

1.农村户厕卫生规范

2004年实施的《农村户厕卫生标准》（GB19379—2003），2012年修订为《农村户厕卫生规范》（GB19379—2012）。该规范规定了农村户厕卫生要求及卫生评价方法，适用于农村户厕的规划、设计、建筑、管理和卫生监督与监测（图2-1）。

2.粪便无害化卫生要求

1987年颁布了《粪便无害化卫生标准》（GB7959—1987），2012年修订为《粪便无害化卫生要求》（GB7959—2012）（图2-2）。该标准规定了粪便无害化卫生要求限值和粪便处理卫生质量的监测检验方法，适用于城乡户厕、粪便处理厂（场）和小型粪便无害化处理设施处理效果的监督检测和卫生学评价。

图2-1　农村户厕卫生规范　　　图2-2　粪便无害化卫生要求

3.污水排放标准

住房城乡建设部、生态环境部2018年9月联合发文要求：

（1）农村生活污水就近纳入城镇污水管网的，执行《污水排入城镇下水道水质标准》（GB/T31962—2015）。

（2）500立方米/天以上规模（含500立方米/天）的农村生活污水处理设施可参照执行《城镇污水处理厂污染物排放标准》（GB18918—2002）。

（3）对于处理规模在500立方米/天以下的农村生活污水处理设施，各地可根据实际情况进一步确定具体排放标准。

4.沼气池建设标准

参见第六章沼气池式户厕。

5.农村户厕建设规范与技术要求

2018年5月，全国爱卫会办公室组织专家制定并发布了《农村户厕建设规范》，对2012年的《农村户厕卫生规范》进行细化，增补和完善了新出现的技术类型。

2019年8月，国家卫生健康委员会办公厅与农业农村部办公厅联合印发了《农村户厕建设技术要求（试行）》，科学指导各地农村户厕新建、改建和使用管理工作。

三、主要类型及适用性

1.三格式厕所

此类型厕所适用范围较广，全国大部分地区可以使用。东部经济较发达地区和南方水资源较丰富地区应用较多。

（1）无害化效果好；

（2）保持粪便肥效；

（3）结构比较简单，容易施工；

（4）日常管理维护简单。

2.双瓮式厕所

此类型厕所适合土层较厚、缺水地区，也具有一定防冻作用。主要应用于中原地区和西北地区。

（1）无害化效果好；

（2）保持粪便肥效；

（3）结构简单，容易施工；

（4）可收集洗脸、洗菜水，澄清后冲厕，节约用水；

（5）日常管理维护简单，一年需清理粪渣一次。

3.三联通式沼气池厕所

此类型厕所适合气候温暖、取水较方便、有家庭养殖传统的地区，但近年来户用沼气池厕所有减少的趋势。现存量较多的是四川、云南、湖南、陕西等地。

（1）粪便无害化效果好；

（2）沼液可浇灌施肥，也可喷施叶面或果实，有杀虫和提高产品质量的功效；

（3）沼气可以做饭和照明，节省燃料，经济效益比较明显；

（4）建造技术复杂，需要经过培训的专业技术人员进行施工；

（5）占地面积相对较大，一次性投入较多；

（6）出现故障一般需要专业人员维修。

4.粪尿分集式厕所

此类型厕所适合干燥、缺水地区，寒冷地区也可应用。主要应用于吉林、山东、甘肃等地，但建造数量不多。

（1）生态旱厕，造价低廉；

（2）建造简单，管理方便；

（3）大便后要加草木灰等覆盖料；

（4）适合人口较少的家庭；

（5）不适用于公厕。

5.双坑交替式厕所

此类型厕所适合干旱缺水、土层较厚的西北地区，东北寒冷地区也可应用。主要应用在内蒙古，陕西、新疆等地也有部分地区使用。

（1）建造两个旱厕坑，技术相对简单；

（2）不改变原有旱厕习惯，管理方便；

（3）不用水冲，不需考虑用水与防冻问题；

（4）清粪有困难，难以用机械清掏；

（5）厕内卫生较难保持，容易出现臭味。

6.下水道水冲式厕所

包括完整上下水道系统和小型粪污集中处理系统，适合居住集中、供水和下水道设施完善、不需要粪肥的地区。全国各地均可应用，主要适宜于城郊结合部、集镇、经济较发达的地区。

（1）使用方便，卫生容易保持；

（2）与其他生活污水一起排放处理，家庭管理简单；

（3）造价较高，需要考虑后续污水处理费用；

（4）需要统一组织施工。

四、其他技术类型

这些类型并未纳入《农村户厕卫生规范》或《农村户厕建设规范》的推荐类型中，但已在一些农村进行了局部试点或推广。

1.微生物旱厕

此类型厕所容易建造，使用简单，适用于干旱缺水及寒冷地区。主要是利用微生物分解粪便的特性，优选特征微生物菌种，通过投放至旱厕储粪池，加快粪尿发酵，减少臭味、异味产生。

此类型厕所需要适宜的温度和湿度；根据菌种不同，还需要定期添加菌剂覆盖或搅拌。为节约费用，有些用户不用电搅拌或断续搅拌、不添加菌剂或添加菌剂量不足、保温措施不够，以及家庭人员外出后停止运行等，都会影响使用效果。

微生物旱厕目前有三种主要形式：

（1）一体化生态旱厕（图2-3）：无水马桶+生物反应器组成坐便器，便后添加由微生物菌种+处理的秸秆、稻壳等形成的生物降解助剂。采用一体化设计，直接安装在室内，就地处理，残留物很少。

（2）改造的生态旱厕（图2-4）：优选具有除臭、防冻功能的微生物菌种，制成旱厕除臭消化剂，投放至旱厕储粪池，基本无污染残留物。直接利用旱厕坑改造成不渗不漏的储粪池，上面设置密闭的无水马桶。

（3）源分离生态旱厕（图2-5）：通过粪尿分集式便器分别收集粪和尿到储粪槽（池）和储尿桶中，大便添加经特殊处理的碳化木片+微生物菌种混合制成的除臭消化剂，搅拌处理后即成为无臭无味的肥料；尿可兑水施肥。

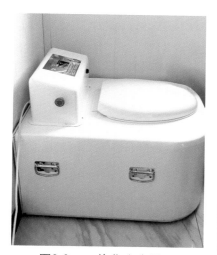

图2-3　一体化生态旱厕

图2-4　改造的生态旱厕

图2-5　源分离生态旱厕

2.粪污一体化生物强化处理技术

收集粪便和生活污水，通过在处理设备中添加一定量的生物强化菌剂，对污染物进行高效降解，实现污水净化和冲水的循环利用。

该技术可应用于整村、联户或单户家庭，其中整村或联户需要下水管道。通过添加强化菌剂，并对污水进行曝气，达到污水排放标准。

温度和曝气对处理效果影响较大，寒冷时需采取保温增温措施，曝气中断时间过长需重新添加菌剂。

3.粪尿集中清运处理系统

适合居住相对集中、没有条件建设下水道设施（如已改厕或山石地质）、家庭无用肥需求的地区，可采用社会化的清粪方式。

（1）可利用原有三格池、双瓮池、沼气池或储粪池；

（2）不能将其他生活污水排入；

（3）采用抽粪车抽粪，卫生易保持；

（4）需要一定的清运处理费用；

（5）需要处理场地，可与有机农业合作。

4.真空负压收集处理系统

真空厕所是利用冲厕系统产生的气压差，以气吸形式把便器内的污物吸走，从而达到减少使用冲厕水并抽走臭味的目的。

真空厕所进行前端收集，与后端生态处理相结合，是一种节水高效的生活污水处理解决方案。真空厕所收集的黑水浓度非常高，粪污的缩容减量将为下一步粪污处理、降低成本创造良好条件。

5.净化槽

净化槽（JOHKASOU）在日本是一种小型一体化生活污水处理装置，采用兼氧-好氧的生物接触氧化工艺，用于分散型生活污水处理。污水进入净化槽后，沉淀分离槽进行预处理，去除颗粒及悬浮物。生物处理单元通过连续的兼氧-好氧去除有机物及总氮。沉淀槽溢水堰设置固体含氯消毒剂，对出水进行消毒处理。

五、新概念厕所

2018年在北京举办的新世代厕所博览会上，展示了由比尔及梅琳达·盖茨基金会资助的新概念厕所（图2-6）。这些技术在概念上比较先进，对未来厕所技术的发展有借鉴意义，但目前还没有成熟产品，需要不断完善和优化。下面介绍几种主要类型。

1.循环水冲厕所

生物膜-膜生物反应器为其核心技术，对黑水处理后回收并循环利用。

2.纳米膜技术+干式燃烧型厕所

前端坐便器，采用旋转抽气+刮板方法实现无水冲厕，后端设备安装在底座上，采用螺杆进行固体和液体分离；液体用膜处理，固体用微型燃烧装置燃烧产生灰烬。

图2-6　世界卫生组织原总干事陈冯富珍参观新世代厕所博览会
（2018年11月，北京）

3.蓝色分集独立厕所

粪尿分集式底座，从源头分离粪尿；尿采用超滤膜反应器、活性炭过滤和电解处理；固体物质包括粪便和纸质品通过超临界水氧化反应器进行加工处理。

4.生态卫生厕所（电化学型）

粪尿混合物在化粪池中进行厌氧/好氧消化，从化粪池和生物处理装置流出的污水在电化学系统的半导体阳极处氧化，并在阴极处还原水形成氢气；采用膜微滤技术过滤污水。

5.高温处理型厕所

粪尿通过真空泵排入投入缸，用机械压滤进行固液分离；经高温高压反应室处理后液体冷却成水，可回收利用，固体形成无害化的固体饼。

6.干式燃烧型厕所

采用自续型闷烧技术。前段粪尿进行机械性分离，固体进行闷烧，产生的热能对液体进行消毒。

03 第三章

厕屋与便器

▶

一、厕屋选址与建造

（一）厕屋选址

（1）合理布局，符合村庄建设规划，不应建在主要道路旁；

（2）做到厕所进庭院，有条件的建在室内；

（3）独立式厕所应根据当地常年主导风向，建在居室、厨房的下风向；

（4）厕所应尽量远离水井或水源地；

（5）尽可能利用原有房屋、墙体装修改造，降低造价；

（6）可以选择先建化粪池，在化粪池之上建造厕屋，可节约用地、保温防冻；

（7）厕所清粪口应建在屋外或院外，方便清粪、清渣；

（8）厕屋应不与禽舍畜圈联通。

（二）厕屋建造

（1）厕屋应有墙、有顶，结构完整，做到人不露身，顶不漏雨；

（2）各地根据地理气候条件，考虑设置门、窗（纱窗）、照明以及通风设施，方便舒适如厕；

（3）厕屋室内面积至少1.2平方米（双坑式厕所至少2.0

平方米)，考虑更方便和具备更多功能，建议2.0平方米以上；

（4）地面至顶棚高度一般不少于2米，一些利用隔间、楼房楼梯间改造的厕屋可适当放宽，但应不低于1.6米；

（5）厕屋建筑材料应具有足够的强度和耐久性能，金属件应具有较好的防腐功能；北方地区应考虑采用保温材料。

（6）地面硬化，有条件的可考虑贴防滑瓷砖；

（7）附建式厕所可采用"穿墙打洞"的方式，不破坏原有的墙体结构，将便器放在室内，粪池建在室外，通过管道联通。

（三）厕所改造

对已存在的厕所，根据其建造材料、建筑构造及使用年限等，在判断安全、坚固的前提下，可充分利用已有设施改造成符合要求的卫生厕所。

1.厕屋改造

（1）对厕屋结构进行加固；

（2）采用保温、防寒措施；

（3）设置隔墙、隔断；

（4）内装修，装饰地面、墙面；

（5）安装与更新通风、照明设施。

2.便器改造

（1）敞口旱厕可改为水冲厕便器；

（2）敞口便槽可改为水冲厕便器；

（3）蹲便器可改为坐便器；

（4）安装自来水冲厕设施；

（5）加装小便器；

（6）改装新型便器。

3.粪池改造

（1）渗漏厕坑的改造；

（2）原有单坑或单池的改造；

（3）原有沼气池的改造；

（4）连接下水道。

4.添加与更新设施

（1）洗手台；

（2）淋浴设施；

（3）智能马桶或马桶盖；

（4）化妆台；

（5）装饰品。

二、便器选择与安装

（一）便器分类

当前常用便器，可根据其清洁方式、形状等进行分类。

1.清洁方式

根据是否用水冲洗，可分为水冲式便器、旱厕便器以及其他便器。

水冲式便器包括反水弯水封式、直通式、负压式。旱厕便器包括粪尿分集式便器、蹲台板、滑槽等。

其他便器包括泡沫封堵、物理负压、机械刮板、真空负压便器，以及小便器、水旱两用便器、免水冲便器等。

农村水冲式便器常与冲水阀门、高位水箱、低位水箱配合使用；在自来水供水不稳定或寒冷地区，设置脚踏式高压冲水器、电动加压泵、增压冲水阀门等方式冲水。

2.使用方式

按照便器使用方式，可分为蹲便器和坐便器。蹲便器可分为挡板式、无挡板式，坐便器可分为分体式、连体式。

3.新型便器

随着新技术的发展，也开发出一些重视体验、方便使用的便器，如带冲洗、加热、吹风干燥、自动翻盖、自动冲水等功能的便器。

（二）适用标准

1.《节水型卫生洁具》（GB/T31436—2015）

推荐性国家标准，规定节水型坐便器用水量应不大于5升；高效节水型坐便器用水量不大于4升。节水型蹲便器大档用水量不大于6升，小档冲洗用水量不大于标称大档用水量的70%；高效节水型蹲便器大档冲洗用水量不大于5升。

2.《卫生陶瓷》（GB6952—2005）

强制性国家标准，规定用于卫生洁具（便器）的质量标准，规定节水型坐便器用水量不大于6升，节水型蹲便器不大于8升，节水型小便器不大于3升。

3.《卫生洁具　便器用压力冲水装置》（GB/T26750—2011）

推荐性国家标准，对压力冲水水箱、机械式压力冲洗阀、非接触式压力冲洗阀、液压开启式压力冲洗阀以及配件的质量及安装进行了规定。

4.《卫生间配套设备》（GB/T12956—2008）

推荐性国家标准，明确卫生间的相关设备、配件及其引用标准。

5.对容量有限的三格式、双瓮式卫生厕所，建议采用脚踏式高压冲水器或符合其冲水要求的便器，每次冲水不超过2升。

（三）便器材质

便器的制造材料应考虑卫生、易清洁、抗压、耐腐蚀，还要考虑外表美观等。

（1）陶瓷便器：白色陶瓷最常用，优点突出，缺点是价格较贵，高寒地区没有保温措施容易冻裂，坏了难以维修。

（2）塑料和玻璃钢便器：优点是价格较便宜，轻便，容易制作和安装；缺点是抗压、耐用性差，时间长容易变色。

（3）金属便器（不锈钢、铝合金）：优点是不宜损坏、耐用，不怕冻，坏了容易维修，也可以回收；缺点是价格较贵，体感较差不适于坐便器。

（4）其他如水泥预制、砖石砌制等，方便施工，坚固耐用，但不易清洁，不够美观。

（5）还有一些便器采用纳米材料、高科技涂膜、杀菌吸味材料等，在一些特殊地方的公共厕所或作为高档便器应用。

（四）便器选择

根据农户的使用习惯、经济承受能力和意愿选择蹲便器或坐便器，同时应与所选择的厕所类型相配套。

（1）下水道设施，可选择节水型的坐便器和蹲便器。

（2）三格式、双瓮式以及沼气池式厕所，可选择冲水量更少的直通式便器或配合高压冲水器使用。

（3）旱厕便器有粪尿分集式便器（图3-1），蹲台板加盖，物理隔离便器（图3-2）。

图3-1　粪尿分集式便器，也可旱水两用

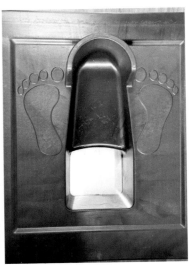

图3-2　物理隔离便器

（4）寒冷地区水冲厕所除了要有保温措施，还可选用脚踏式高压冲水器、电泵冲水，也可考虑旱水两用便器（图3-3）。

图3-3　旱水两用便器

（5）为节水和隔离臭味，可以设置平衡石（图3-4）、硅胶套隔味器（图3-5、图3-6）、防臭阀等（图3-7）。

图3-4　带平衡石的便器

图3-5　硅胶套隔味器

图3-6　隔味器

图3-7　防臭阀

（五）便器安装

便器的类型、材质、规格、型号不同，安装方法也不同。在安装前要认真阅读安装说明书，摆好位置。

（1）便器的规格、型号必须符合使用要求，并有出厂产品合格证。

（2）便器零（配）件的规格应达标，质量可靠，外表光滑，无砂眼、裂纹等缺陷。

（3）应根据农户厕屋大小及使用习惯确定便器的安装位置，便器距边墙不宜小于400毫米。

（4）如果有进粪管连接，便器与进粪管应连接紧密。

（5）连接高压冲水器的便器，便器安装应左右平行，纵向应前高后低（5°倾角），以保证便器冲水后不留积水，喷水嘴应对准便盆底部中心。

（6）启用之前，应将便器内的污物清理干净，不得将污物冲入化粪池，以免造成管道堵塞。

（六）高压冲水器

冲水装置通常是便器的一部分，与便器配合使用。常见的是冲水开关，包括触动（手动、脚压、其他部位触碰）、自动感应（红外、压力传感）等形式。

针对一些缺水地区现状，如水压不足、供水得不到保障；一些地区冬季寒冷，自来水冲水无法正常使用，推荐脚踏式高压冲水器。

1.构成

脚踏式高压冲水器是农村常用的节水型冲水装置，主要由储水桶、高压冲水泵、踏杆、便器喷嘴构成（图3-8）。

图3-8　脚踏式高压冲水器与便器的布置

（1）储水桶：聚乙烯或聚丙烯材质，吹塑成型，容积≥35升。

（2）高压冲水泵：抽水冲水缸体采用工程塑料ABS注塑成型，保证其足够的强度。

（3）踏杆：脚踏板采用2毫米镀锌板冲压成型，活塞连杆采用直径12毫米圆钢制作，弹簧采用防锈处理，弹簧压力150牛以上，有效使用5万次以上。

（4）每脚踏一次的冲水压力不小于0.2兆帕，每次出水量不大于0.5升。

2.安装

（1）应根据储水桶的尺寸确定埋设桶体地坑的深度和大小，并保证储水桶最高水位应低于便器冲水口，地坑底部夯实后，铺设C10混凝土垫层50毫米，垫层表面应平整，避免储水桶下沉及各部件损坏。

（2）储水桶出水管与便器应成一定坡度直线连接，无渗漏、打折现象，冲厕完毕出水管内应无水贮留。

（3）储水桶宜放在便器左（右）前方，冬季室外温度低于0℃地区应用岩棉、石棉、聚苯板等保温材料对储水桶、出水管等进行保温；保温材料厚度应不低于30毫米，高度应高于水位，保证储水桶冬天具有一定的保温作用（图3-9）。

图3-9 脚踏式高压冲水器的厕内安装及实物图

3.使用与维护

（1）使用前先踩踏一次，用少量水润湿便器，冲厕时踩踏1~2次使之冲净。

（2）厕屋内需设长杆厕刷，如有便迹存留，即可用水随时清刷干净。

（3）冲厕时脚要垂直向下用力，避免踏杆弯曲，影响使用。

（4）冬季注意保暖，若储水冻结不可强力踩踏，以免损坏泵体。

（5）洗脸水、洗菜水等生活用水澄清后可倒入储水桶，以节约用水。但夏季储水时间不宜过长，以防变质变味。

（6）含清洁剂浓度较高的洗衣水、洗发水以及含有消毒剂、杀虫剂的水不能用作冲厕水，以免破坏化粪池中厌氧微生物菌群，影响无害化处理的效果。

（7）易损件包括泵体内的弹簧、皮碗等，应留有备件，及时更换。

04

第四章

三 格 式 户 厕

▶

三格式户厕也叫三格化粪池式厕所，应用较广泛，不论是南方温暖地带，还是寒冷地区，全国大多数地区均适用；其衍生的变型也较多，可以组合成不同的模式。

一、原理与流程

（一）卫生学原理

（1）在第一格中粪尿与冲水组成了混合液，形成厌氧环境，开始厌氧发酵；

（2）厌氧发酵降解有机物，改变微生物生存环境，具有杀灭病菌和虫卵的作用；

（3）虫卵沉降到底层粪渣中；

（4）中下层过粪，腐熟的粪液可以通过，阻止粪皮和粪渣通过。

（二）流程

（1）新鲜粪便由进粪口进入第一池，与池内粪尿水混合后开始崩解并进行厌氧发酵作用，经过20天以上的液化、分层、虫卵沉降，因密度不同粪液可自然分为三层：上层为糊状粪皮，下层为块状或颗粒状粪渣，中层为比较澄清的粪液。在上层粪皮和下层粪渣中含细菌和寄生虫卵最多，中层含虫卵最少，初步发酵的中层粪液经过粪管溢流至第二池，而将大部分未经充分发酵的粪皮和粪渣阻留在第一池内继续发酵。

（2）溢流入第二池的粪液经过10天以上的进一步发酵分解，与第一池相比，第二池内的粪皮与粪渣的数量明显减少，因此发酵降解活动较少，由于没有新粪便进入，粪液处于比较静止的状态，有利于悬浮在粪池中的虫卵继续沉降。

（3）流入第三池的粪液一般已经腐熟，其中病菌和寄生虫卵已基本被去除，达到了无害化要求。第三池主要起储存腐熟粪液作用，可供农田施肥（图4-1）。

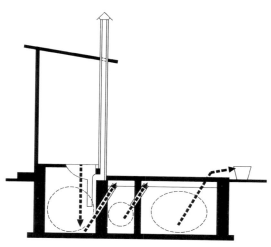

图4-1 三格式户厕流程

二、主要结构

三格式户厕由地上和地下两部分组成：地上部分是厕屋、便器（一些类型需另设冲厕器具）、排气管、化粪池盖板；地下部分是进粪管、过粪管、三格化粪池（图4-2、图4-3）。

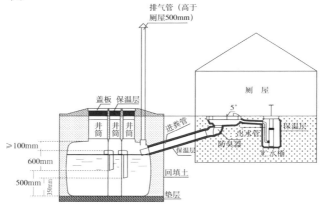

图4-2　三格式户厕结构

（一）厕屋

厕屋分为独立式和附建式两种类型，可建在化粪池之上或化粪池边。寒冷地区最好在厕屋建造前做好地基的防渗漏处理，建好三格式化粪池（化粪池应满足厕屋的抗压性要求），然后在化粪池之上直接建厕屋，既可以保证如厕的舒适、方便，又起到保温、防冻作用，也可以利用原有墙体进行改造、装修。

（二）三格化粪池

三格化粪池是此类型厕所最重要的组成部分，化粪池的位置应因地制宜，可以设在室内和室外（或部分室内、部分室外），考虑好清渣口、清粪口的设置。

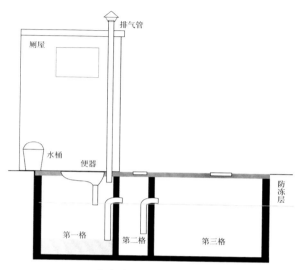

北方独立式户厕结构图

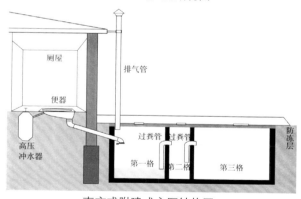

南方或附建式户厕结构图

图4-3 三格式户厕主要结构布局

（1）三格化粪池容积：根据家庭使用人口确定，一般3～5口之家≥1.5立方米，化粪池内设两个隔板，由两个过粪管联通化粪池的3个池；要求粪液在第一池贮存不少于20天，第二池贮存不少于10天，第三池贮存不少于30天，即第一池0.5立方米，第二池0.25立方米，第三池0.75立方米。三格化粪池容积比例原则上为2：1：3。砖砌池为了现场施工方便，可以扩大第二池的容积，与第一池相同。

（2）三格化粪池深度：化粪池有效深度为1.0米，加上化粪池的上部空间，池深约1.2米。设计和施工时应满足最小施工尺寸要求。

（3）在北方地区或其他地区根据农时需要，可适当扩大三格化粪池容积，延长无害化处理时间和清掏周期，还应注意防冻、保温，化粪池应在冻土层以下。

（4）鉴于农村水冲式户厕的普及、冲洗厕所耗水量偏多，3～5口之家三格化粪池容积可按≥2.0立方米建设，容积比例也可为1：1：1。超过5口的家庭可按每人0.5立方米建设，或建造两个三格化粪池。

（三）便器

由于三格化粪池容量有限，不能采用冲水量大的便器，更不能将其他生活污水接入化粪池。常用陶瓷节水便器，每次冲水量不超过2升。在供水不能保证或水压不足以及冬季结冰的农村地区，可采用高压冲水器或手舀冲水的方式。一般采用直通式蹲便器。便器安装方法如下：

（1）室内厕所或先建好厕屋的，通过进粪管连通到三格化粪池的第一池；

（2）可直接安装在第一池的盖板上，起到一定防冻作用。

三、建造方法

（一）三格化粪池

建造户用三格化粪池，可采用砖砌式、砼预制式和现场浇筑式等，以及塑料、玻璃钢一体化成型品等方式。砖砌、现浇混凝土的三格化粪池根据地形、容积自建，不仅抗压性和耐用性好，也适合寒冷地区深埋防冻。一体化成型三格化粪池适合批量集中改厕。

1.砖砌化粪池

砖砌化粪池的容积可大可小，应根据使用人数和地形状况确定；其布局可采用目字形、可字形、丁字形、品字形等（图4-4）。

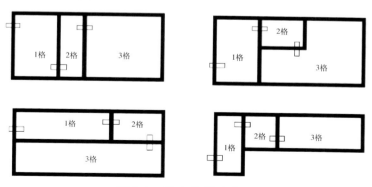

图4-4 砖砌化粪池布局

（1）放线和挖坑：在选定化粪池位置和确定粪池大小后，量好尺寸撒上石灰线。放线时应留出砖砌或现浇余地，一般每条边放150毫米，然后按线挖坑。一般土坑的深度为1.2米，寒冷地区应建在冻土层以下。坑底原土整平夯实铺50毫米碎石垫层，然后浇筑80毫米厚混凝土池底。按化粪池所需的尺寸先砌好四周墙体，分三格，中间分隔两道墙体，由于第二池较窄，施工有一定困难，因此砌到一定高度后，抹好水泥再继续砌墙，注意过粪管的预埋。

（2）过粪管安装：应注意角度、方向、位置的正确性，保证卫生效果。参见本章三、（三）、1过粪管。

（3）化粪池应进行防渗漏处理，确保池内外相互不渗漏。池内壁采用1∶3水泥砂浆打底一次，再用1∶2水泥砂浆抹面两次，抹面应密实、光滑。

（4）池盖的预制与安装：化粪池盖板和池盖可用预制钢筋混凝土构件，采用C20混凝土，保护层厚15毫米。第一池的盖板应留出放坐便器的口和出粪渣的口，第二池的盖板也应留出一个口，便于清渣和疏通过粪管，第三池盖板应留清粪口，便于出粪。每个口都应预制小盖，安装盖板时应用水泥砂浆密封，防止雨水渗入。

2.水泥预制式与现场浇筑

水泥预制用料简单，只需水泥、沙、石子和少量钢筋，适用于批量生产。水泥预制分两种：一种是三格式的整体预制；另一种是先预制水泥板，然后现场组装。

（1）整体预制：采用木板或铁板组合成一个三格化粪池模具，然后用钢筋组成骨架，再用水泥、沙和石子搅拌成混凝土灌入模具而成。整体预制的特点是质量便于控制，防渗漏效果好（图4-5）。

图4-5　整体预制

（2）水泥板预制：首先预制好三格化粪池壁，然后在挖好的土坑中组装而成。用料基本同整体预制，要点是做好每块板接缝处的防渗处理，确保化粪池不渗不漏（图4-6）。

（3）现场浇筑：将木板或铁板在农户已挖好的土坑中组装成三格化粪池模具，然后用混凝土现场浇筑。此方法防渗漏效果好（图4-7）。

图4-6　水泥板预制

图4-7　现场浇筑

3.一体化成型化粪池

一体化成型化粪池是近年来常见的形式，材质为塑料（图4-8）、玻璃钢；其容积、深度、过粪管安装等要符合

塑料化粪池（滚塑）

塑料化粪池（注塑）

塑料化粪池（吹塑）

图4-8 几种塑料化粪池

《农村户厕卫生规范》（GB19379—2012）。

（1）根据材质不同，需满足《塑料化粪池》（CJ/T 489—2016）、《玻璃钢化粪池技术要求》（CJ/T409—2012）与《玻璃钢化粪池选用与埋设》（14SS706）中的相关规定，包括对原材料的性能、池体外观、尺寸与壁厚偏差、力学和密封性能等指标。

（2）为了安装方便和坚固，一体化预制三格化粪池的上下分体须有凹凸式结构，组装时在凹槽内加装防渗垫片或结构胶，选用具有防腐蚀性能的螺丝（如不锈钢螺丝）固定。

（3）化粪池内应有一次成型的凹槽，便于准确定位、放置并固定隔板。隔板应有抗压能力，两块隔板将池体分成三格，组装时打密封结构胶，固定后防止位移和渗漏。

（4）SMC化粪池：以合成树脂为基体、玻璃纤维为增强材料模压制成。SMC（Sheet molding compound）即片状模塑料。用SMC制作的化粪池耐压、抗压强度高，耐腐蚀、耐老化；易规模化生产，安装快捷方便，使用寿命长达30年以上。家用三格化粪池一般是由两个玻璃钢半体（圆形、长圆形）、两块隔板及过粪管组装而成（图4-9）。

（5）一体化三格化粪池现场安装流程：

①三格化粪池上下半体和池内隔板安装时应加装密封垫条或打结构胶，确保其整体不渗漏。

②三格化粪池内隔板应与池体牢固、密封连接，确保化粪池内部各池之间无渗漏。

③过粪管可选用聚氯乙烯（PVC）或聚乙烯（PE）

图4-9　SMC化粪池

等内壁光滑材料。

④安装完成的化粪池应进行检查。已安装好的化粪池应放置24～48小时，待结构胶完全干透后对整个系统做抗渗漏检测，确保各连接部位无渗漏后方可进行下个工序的施工。

⑤寒冷地区化粪池覆土深度需大于当地冻土层厚度，一般不超过2.5米。

（6）现场施工流程：

①放样，参考砖砌化粪池；

②进行地基处理时，池坑底部应压实并铺设要求厚度的垫层；

③三格池位置固定，安装进粪管连通便器；

④回填，回填土不得含有砖块、碎石、冻土块等；池坑不得带水回填；

⑤回填时，化粪池、卫生洁具、管道等应无损伤、沉

降、位移。

（二）便器与进粪管

1.便器

一般采用直通式蹲便器。如果家庭有老人或有人行动不便，可考虑采用坐便器。在缺水地区，可考虑采用高压冲水便器或舀水冲的便器，也可采用旱水两用的便器。

2.进粪管

常见塑料等材质的管件，外表光滑、平整、无凹凸，内壁光滑，外径110毫米左右（内径100毫米）。参考标准：给水用硬聚氯乙烯（PVC-U）管材（GB/T10002.1—2006），也可用高标号的水泥管件。

对于直通式便器使用者而言，需注意以下几点：

（1）粪池位于便器下方时，需要安装隔味器或自封器，以防臭味或蝇蛆通过便器返流，不需要进粪管。

（2）若粪池在室外，则需以进粪管与化粪池之间承插连接，并用胶圈等柔性材料密封，进粪管下端出口应距离第一池池壁50毫米，长度应短直且尽量没有拐弯。

（3）为防粪水上溅和减少臭气上逸，安装进粪管时可将便器套在进粪管上，并使之略倾斜，从第一池盖板入口中插入粪池。

（三）过粪管、排气管

材质与进粪管材质相同，常见的是塑料材质的管件，公称外径110毫米，符合相关标准。

1.过粪管

户厕过粪管有两根，联通粪液从第一池流向第二池，从第二池流向第三池。

（1）过粪管形状：主要有倒L形及直接斜插连通管等。直接斜插连通管不容易堵塞，节省管材，但现场施工不容易固定，安装不好容易渗漏；倒L形容易固定，防渗漏效果好，是目前常用形式。

（2）过粪管安装：进口位置应置于寄生虫卵较少的中层粪液，出口尽量靠近池顶，以保证化粪池的有效高度和容积。过粪管位置较好的设置应分别斜插安装在两堵隔墙上：其中第一池到第二池过粪管下端（即粪液进口）位置在第一池下1/3处，上端（即粪液进口）在第二池距池顶100毫米左右；第二池到第三池过粪管下端（即粪液出口）位置在第二池的下1/3或中部1/2处，上端在第三池距池顶100毫米左右。

（3）如果采用直接斜插，过粪管与隔墙的水平夹角应呈60°；如果采用倒L形，过粪管上口下缘距池顶应达200毫米左右。两个过粪管交错安装，相距较远。

2.排气管

对三格式户厕，正确安装排气管可以保证化粪池臭气有效排出。

（1）排气管的安装位置，下端设置在第一池顶盖上或在进粪管上安装一个三通再连接直管，上端高于厕屋顶

500毫米，宜设置防雨帽或弯头。尽量不要拐弯，必须拐弯时尽量不用死弯，以保证排风通畅。

（2）排气管可以放在室外或室内，但如果采用塑料管材，应尽量避免阳光直晒，宜设在室内或背阴的地方。

（3）要将排气管固定在厕屋墙上，防止风刮或儿童推摇而产生安全隐患。

（四）盖板与清粪口

三格池的池顶应设置盖板。为了清粪方便，盖板均需留清渣口和清粪口，平时用预制小盖密封，出粪时移开。

（1）砖砌或水泥预制的三格池的盖板和池盖常用预制钢砼构件，采用C18（200号）混凝土和Ⅰ级钢筋浇筑，砼保护层15毫米（图4-10）。安装盖板时应用水泥砂浆密封，防止雨水渗入及发酵气体逸出。

图4-10　水泥预制三格池盖板

（2）池盖还可用玻璃钢、橡胶等模压，应保证盖板的密封以及安全坚固，池盖的形状与规格应与三格池的清粪口严格对应，紧扣密封。根据当地实际情况，第一池、第三池的盖口为长宽各300毫米的正方形或直径400毫米的圆形；第二池的盖口分别为200毫米的正方形或300毫米的圆形。

（3）一体化成型化粪池配套定制的盖板，应有锁扣装置（图4-11）。

图4-11　一体化成型三格池盖板

（4）在寒冷地区，化粪池需要深埋，化粪池顶部距地坪之间的清渣口、清粪口应设置井筒，可用水泥管、波纹管或塑料管制作。池顶上部及井筒应用保温材料覆盖填充。

四、验收要求

（一）材料与产品验收

（1）农村改厕选择的材料设备须是正规生产厂家的合格产品，具有质量鉴定报告，有条件的地区应对材料设备进行现场抽样送检。材料设备的供应根据供货量，宜在《材料采购合同》中明确售后服务。

（2）厕具（便器、冲厕器具）、化粪池、管材与管件在现场安装前应按照采购要求以及相关产品构造及质量标准进行验收。便器的规格、型号必须符合使用要求，排污孔直径应不小于100毫米，并有出厂产品合格证；便器零（配）件的规格应达标，质量可靠，外表光滑，无砂眼、裂纹等缺陷。

（3）一体化成型化粪池外表面及内表面经目测应色泽均匀、光滑平整、无裂纹、无孔洞、无明显瑕疵，且边缘整齐、壁厚均匀、无分层现象。预制式产品尺寸偏差不应超过供需双方的协议要求或出厂图纸中尺寸偏差范围，偏差范围为±20毫米。厚度应使用精度不低于0.02毫米的量具进行测量，其他尺寸使用卷尺测量。

（4）三格化粪池总容积不小于1.5立方米，池深不小于1.2米，过粪管前低后高，不渗不漏。

（二）安装及竣工验收

（1）地基、池坑垫层与化粪池接触均匀，无空隙；化粪池未被挤压变形。

（2）砖砌式、钢筋混凝土化粪池整体美观，池壁无干裂或裂缝。

（3）过粪管的安装位置、连接方式合理，化粪池的各连接部位无渗漏。

（4）化粪池清渣口、清粪口应加盖密封盖，密封盖应牢固，且易于开启及封闭；上沿高于地面5～10厘米，满足防雨水倒灌的使用要求。

（5）寒冷地区化粪池在冻土层以下，清渣口、清粪口填充保温材料。

（6）厕具（便器、冲厕器具）的安装应平整、牢固，直通式便器下端应有防臭装置。

（7）冲水设备、便器保温层安装合理，保证在当地寒冷季节不影响使用。

（8）排气管安装符合要求，排气通畅，排气管上口安装防雨罩或弯头。

（9）应按照《给水排水管道施工及验收规范》（GB50268）、《建筑给水排水及采暖工程施工质量验收规范》（GB50242）、《砌体结构工程施工质量验收规范》（GB50203）等规范执行。

（三）现场检测方法

1.隔断渗漏检测

用于检验3个池之间的隔板连接是否严密。向中间池（第二格）注水至溢出口（或内挡板上的过粪管接口下边缘），静置观察中间池的水是否渗漏至前、后二池（通过过粪管流入的不计）。

2.进粪管渗漏检测

封堵进粪管下端口，在便器内注满水，静置观察连接口是否渗漏。

3.化粪池渗漏实验

新建或装配的化粪池3个池内灌满水后浸泡，静置24小时后观察，水位下降超过10毫米，表明有渗漏，可使用含有防水剂的水泥浆抹面1～2次。如水位上升，说明地下水位较高，有地下水渗入，应采取抗浮措施。

（四）建造过程中的常见问题

1.砖砌、水泥预制化粪池

（1）化粪池深度和容积达不到要求，如总深度甚至不足1米，第一池容积不足0.5立方米。

（2）过粪管安装角度不符合要求，水平放置，或前高后低导致安装倒置；过粪管过短或过长，连接处接缝不严密出现渗漏，固定不牢容易出现过粪管脱落。

（3）施工质量（钢筋用量、水泥强度等级、泥沙配比等）不符合要求，粗制滥造。

（4）化粪池盖板不严密，质量差，容易出现粪便暴露，存有安全隐患。

（5）化粪池清粪口、清渣口位置低于周围地面，容易导致积水、雨水倒灌。

2.一体化成型化粪池

（1）化粪池设计不合格，有效容积和深度达不到标准。

（2）生产质量不合格，原料质量差，加工厚薄不均，抗压性、耐腐蚀性等性能指标达不到要求。

（3）上下半池连接不合理，容易变形，内外渗漏。

（4）隔板安装不合理，固定不牢，在水压力下变形，池之间渗漏。

（5）过粪管安装的位置、角度不符合要求，固定不牢，渗漏。

（6）化粪池盖板质量差，变形，密封不严。

3.厕屋便器

（1）位置距离生活用房远，使用不方便。

（2）厕屋简单，施工质量差，透风漏雨，尤其寒冷冬季使用不舒适。

（3）使用粪便暴露的开放式便器，或便器破损；或采用冲水多的非节水便器。

（4）高压冲水器安装位置不符合要求，没有埋在地下，使用不便。

（5）生活污水通过便器直接进入化粪池。

五、管理与维护

（一）使用管理要求

三格式户厕建成使用后，需要按使用要求正确启用并进行日常管理维护。

（1）启用：新池建成确认无渗漏并养护两周后正式启用，在第一池内注入100 ～ 200升河塘水或井水，水深高出过粪管下端口为宜。

（2）控制用水量：大量水进入化粪池，会使粪便稀释不能达到预定的停留时间，不利于充分厌氧发酵。因此，为保证卫生户厕的粪便无害化处理效果，平常使用时必须控制用水量。一般每次冲水不宜超过2升。

（3）及时清理粪皮、粪渣：通常正常使用1年左右需清理粪皮和粪渣，或在使用中发现第三池出现粪皮时，应及时清理。第一池取出的粪渣和粪皮，须经堆肥处理后才可作底肥施用。禁止向第二、三池倒入新鲜粪液和取第一、二池粪液用于农田施肥。第三池贮存的粪液呈清褐色，液面上有一层薄膜，说明已无害化，可取出粪水用作肥料。

（4）定期检查：化粪池的盖板平时应盖严，定期检查过粪管是否阻塞。在清渣或取粪水时，不得在池边点灯、吸烟或燃放爆竹，以防止粪便发酵产生的沼气遇火爆炸。

（5）生活污水与粪便污水应分管道收集排放，卫生间的洗澡水、洗衣水等避免排入三格化粪池。

（6）厕屋内配备必要的设备与清洁工具，如卫生纸盒、便纸篓、扫帚及刷子、盛水容器、照明设施等。

（二）使用管理中常见问题

由于管理不善或不按要求进行维护，导致卫生厕所不干净、粪便处理达不到无害化要求。常见问题如下：

（1）第一次使用时未加水，平时冲水量太小，导致粪便不能充分分层和厌氧发酵，进入第三格的粪液达不到无害化。

（2）冲水量过大，或将其他生活用水排入化粪池，导致厌氧发酵不充分，时间不够，达不到无害化。

（3）粪便直接倒入第三池。

（4）粪池满了不及时清掏，造成粪污在周围溢流，污染环境。

（5）粪皮、粪渣清理后不处理而直接施肥。

（6）清掏时一次将三个池全部清理干净去施肥。

（7）粪液不利用，直接排放或清掏后排放到附近低洼处甚至水体。

（8）厕具损坏不及时维修，如便器、化粪池、高压冲水器等。

（9）寒冷地区保温措施不足，粪液冻结，导致系统无法正常使用。

六、改进型

（一）三格池＋土壤渗滤系统

主要针对目前有些农村地区不用或少用粪肥的情况，利用土壤天然的自净能力，减少经三格化粪池处理后的粪便污水对水体的污染所设计。其结构有渗管型和渗坑型两种。

1.渗管型

渗管型的构造是在第三格化粪池的上部接一根内径为100毫米的排污水管。渗水管长短以排水量大小而定。一般家庭采用节水型户厕的渗水管长度为5米，非节水型户厕则为12米。渗水管埋设在化粪池周围。

2.渗坑型

渗坑型土壤渗滤系统是在三格化粪池边上建一个1立方米大小的渗滤坑，从化粪池的第三格引入一根直径100毫米的排污水管通至渗滤坑的上层中央，渗滤坑以卵石、沙填充。卵石、沙在接受污水后形成生物膜而起到氧化分解有机物的作用。

3.注意事项

渗滤系统的技术关键是防止污水对浅层地下水的污染。

（1）首先，应注意选址，不要设在水井、水源或水源保护地附近。一般宜选择地势较高的区域，以防水淹。

（2）地下水位较高的地区不宜采用渗坑式，而宜采用多孔渗滤系统。

（3）渗水管长度或渗坑大小应依粪水量、土壤特征、气候等因素而定。人口较少的家庭宜采用渗坑型，而人口较多的家庭宜采用渗管型。

（4）渗滤层土壤应具有较好的渗水性、吸附性和毛细管作用，一般以沙壤土、粉壤土等为好。

（5）在渗坑或渗管周围应有10米以上的卫生防护距离，在此范围内不应有水井等分散式给水水源，可适当种植农作物，可选择在菜园、耕地附近，远离人们频繁活动的场所。也不应在大树附近，以防树木的根部对渗管造成破坏。

（二）四格式生态户厕

四格式生态户厕是在三格式无害化卫生户厕的基础上，添加建造的第四格人工湿地，是不使用粪肥的家庭对三格处理的粪液进行深度处理后的排放方式（图4-12）。

（1）人工湿地是一个体积为2立方米左右的大池，在做好防渗处理后，自下而上分别铺设煤渣、鹅卵石、石子、沙子，覆盖熟土，种植美人蕉、冬青草等水生植物。

（2）此类型与渗坑型渗滤系统相似，适合不使用粪肥、居住分散的农村地区。与建造污水处理厂相比，四格式生态户厕建造费用低，建设周期短，占地面积小，

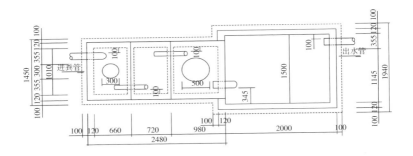

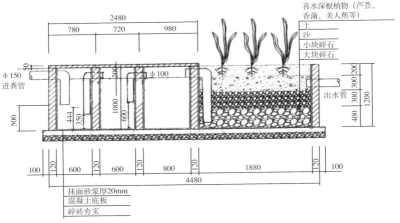

图4-12　四格式生态户厕示意（单位：毫米）

技术含量要求不高，易于维护，并可进行有效可靠的污水处理。

（3）人工湿地完全采取生物方法自行运转，基本不需专人维护，只需每3～5年清理填料池即可。人工湿地中起主要处理作用的是水生植物的吸收、降解，所以在湿地设计和运行过程中应考虑湿地出液管被填料堵塞、水生植物死亡与更换问题，还应考虑气候寒冷不适应问题。

（4）经四格式生态户厕处理后排放的污水符合排放标准，但不建议直接排入自然水体，可用于树林、绿化等进一步吸收净化。

应充分考虑村庄地理位置、地形地貌、村民用水情况，以及设施的运行维护成本。

（三）三格式＋集中处理

对先前已建三格式户厕的地区，农户已不使用粪肥，可以采用纳管的方式，对第三池粪水与生活污水通过下水管道收集后进行集中处理。具体实施方式有如下几种：

（1）污水处理厂；

（2）一体化污水集中处理设施；

（3）氧化沟（塘）或人工湿地；

（4）通过抽粪车运送到粪污处理场集中处理。

应充分考虑村庄所在位置、地形地貌、村民用水情况，以及设施运行的维护成本。

（四）多户合建大三格化粪池

大三格化粪池与户用三格化粪池原理及构造基本相同，主要适用于居住集中、狭小、用地紧张的地方，几家共用一个化粪池。

厕屋与便器的建造设置与户用三格化粪池式厕所相同，根据需要可在每家建一个小型化粪井（沉渣池），通过下水管连接到大三格化粪池。

大三格化粪池的容积按常住人口0.5立方米/人计算，建造材质可以是砖砌、水泥浇筑，也可以是玻璃钢一体化成型产品等。其质量应坚固、安全、耐腐蚀，粪便处理后达到无害化要求，可用于施肥。

05 第五章

双瓮式户厕

初期的双瓮漏斗式厕所，由于便器制作粗糙，冲水不方便，因而采用了垂直坐落在前瓮之上的漏斗式便器，大部分粪便可直接落入瓮中，少量残留粪便用舀水冲的方式即可冲洗干净，由于便器口较大，使用后用麻锥刷塞住，防止粪便暴露（图5-1）。现在采用节水型便器或高压冲水便器，漏斗形便器已不再使用。

水泥制作

陶瓷材质

图5-1　漏斗形便器

一、原理与流程

（一）卫生学原理

其原理与三格式户厕相同，通过厌氧发酵，粪水混合液形成厌氧环境，厌氧发酵降解有机物，改变微生物生存环境，具有杀灭病菌和虫卵作用，粪皮和粪渣中的虫卵被沉降、溢流或杀灭，中层腐熟的无害化粪液得到利用。

（二）流程

新鲜粪便由进粪口进入前瓮，与瓮内粪尿水混合物开始发酵分解，经过30天以上的作用，因密度不同粪液可自然分为三层，上层为糊状粪皮，下层为块状或颗状粪渣，中层为比较澄清的粪液。发酵好的中层粪液经过粪管溢流至后瓮，大部分未经充分发酵的粪皮和粪渣阻留在前瓮内继续发酵。流入后瓮的粪液已基本达到无害化的要求，可以供农田施肥之用（图5-2）。

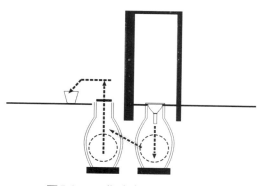

图5-2　双瓮式户厕工艺流程

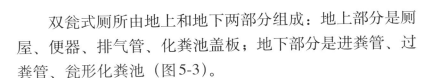

二、主要结构

双瓮式厕所由地上和地下两部分组成：地上部分是厕屋、便器、排气管、化粪池盖板；地下部分是进粪管、过粪管、瓮形化粪池（图5-3）。

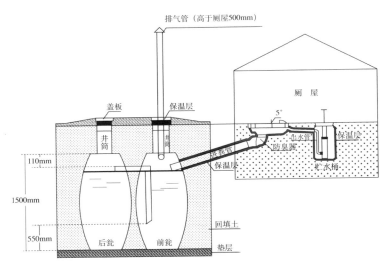

图5-3　双瓮式户厕结构

（一）厕屋、便器

早期的便器置于前瓮的上口，不用水泥固定，安装前在前瓮的安装槽边内垫1～3层塑料薄膜，可随时提起，以方便从前瓮清渣。现在常见的便器安装方式与三格式户厕相同，前瓮建于厕室地下，也可将前瓮埋在厕室外地下，便器下面连一进粪管，连通到厕室外的前瓮内（图5-4）。

图5-4　水泥预制半瓮体接合

（二）瓮形化粪池

瓮形化粪池是此类型厕所最重要的组成部分，可以将两个化粪池设在室内，也可以一个室内、一个室外（图5-5），或都在室外。

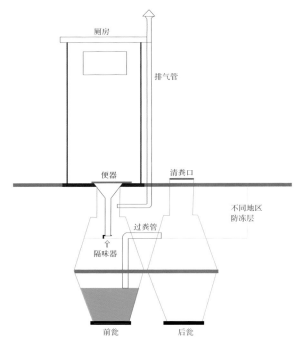

图5-5　瓮形化粪池布局

1.容积要求

瓮中间肚大，上口与下底小，利于厌氧发酵。在《农村户厕卫生规范》（GB19379—2012）中，对两个瓮的容积与深度要求不同。考虑生产、运输及安装的实际情况，也可采用两个尺寸相同的瓮体。

（1）每个瓮形化粪池的容积≥0.5立方米；

（2）深度≥1 500毫米；

（3）一般瓮腹内径800毫米，瓮口内径360毫米，瓮底内径450毫米。

2.寒冷地区要求

考虑冬季气温低，需要防冻，且不需取用粪肥，可采取如下改进措施。

（1）适当扩大两个瓮的容积，增加无害化处理时间，延长清掏周期；

（2）采取防冻保温措施，如适当增加埋深，瓮体加脖增高等；

（3）增加瓮体数量，变成三瓮或更多瓮体的串联。

三、建造方法

（一）储粪池

建造户用双瓮化粪池，过去用混凝土模具制作、水泥预制。现在常用的是塑料模压预制（图5-6）。

图5-6 塑料模压预制双瓮化粪池

1.水泥预制法及施工

水泥预制法耗工耗时，但容积可以扩大，抗压性能好（图5-7）。

图5-7　水泥预制瓮的安装

（1）制作模具：将外模架放在地上，先在底部周围用黄泥均匀摊一圈，约2毫米厚，立一圈240毫米长砖，砖体之间统一用黄泥勾缝，以便砖能立稳，在外模架270毫米处环筋上立第二层立砖，520毫米处立第三层立砖，砖上面再均匀地涂上一层15毫米厚的黄泥，以不漏砖为宜，这样外模圆桶整体就制成了。

（2）制作半瓮：用水泥砂浆（比例1∶3）进行预制，制作上半截瓮时底部不用水泥，可留500～550毫米圆口；制作下半截底部留成锅底状，便于以后清渣掏粪，前瓮下半截留孔，后瓮上半截留孔，孔直径约为150毫米，上下两孔距离约为200毫米，成椭圆形，半截瓮大口处应当留出40毫米宽的沿，以便连接和安装，两上瓮截面合口时用水泥砂浆密封。

（3）养护：两个瓮体预制成4个半截瓮，需要按水泥预制件的要求进行保湿养护。一般12～24小时脱钢筋模，砖模2～3天脱去为宜，这样钢模架使用周期可加快，注意预制时要用弧形特制泥抹收光，使其充分凝结7～10天后才能安装。

（4）划线挖坑：按选择好的厕所位置，先挖长2米、宽1米、深1.5米的池子（如果有防冻层，坑需加深），将坑底铲平夯实，用混凝土（标号150号）铺厚约100毫米，对坑底进行处理。

（5）将预制凝结好的前后瓮底放在池底，双瓮间隔1.1～1.2米，在前瓮底部上沿装过粪管，沿口先涂一圈水泥浆，后瓮沿口同样抹上水泥浆，再盖接上半截瓮体，将上半部瓮体和底部瓮体对接为一体。

（6）按照双瓮上预先设置的过粪管开口（管径100毫米）位置呈前低后高安装过粪管加以固定，用水泥将空隙填严即可，然后封土，前瓮口安上便器，或通过进粪管地面硬化，后瓮口高出地面，加水泥盖密封。

（7）回填：土质以不干不湿为宜，边埋边夯实。当埋到过粪管安装下口时和上下瓮体结合处下方时，要用搅拌好的水泥和砖对这两处进行封堵处理，包括两瓮之间的过粪管和后瓮过粪管安装口及结合处均要同样处理，使之形成水泥包壳确保不发生渗漏。特别注意几个接口部位的封堵和密实，如瓮体连接处、过粪管连接处，尤其是前瓮过粪管与瓮体连接处。

2.预制瓮现场施工

预制式瓮形化粪池是较早通过工厂预制生产的产品，材质常见为塑料等；其容积、深度、过粪管安装等应符合《农村户厕卫生规范》（GB19379—2012），也应符合《塑料化粪池》（CJ/T489—2016）中对原材料的性能、池体外观、尺寸与壁厚偏差、力学和密封性能等指标的要求。

瓮形化粪池在预制时，应设计好排气口、过粪管的安装位置及尺寸，防止安装时出现错误。

预制双瓮化粪池现场安装流程：

（1）在厕所外与室内放置蹲便器或坐便器相对应的位置挖一个长2米、宽1.1米、深至少1.5米（应考虑防冻层）长方体的坑，用50毫米厚的混凝土做基础。

（2）两个瓮在地上进行组装，对接处放置密封垫或密封胶后，先把瓮体对接，再用螺钉加固。

（3）将瓮体放入挖好的坑内，固定位置后安装进粪管和过粪管。

（4）调整好过粪管口的位置，瓮与瓮之间用过粪管连接，在过粪管与瓮体连接处用专用的管件连接，以起到防漏和固定的作用。

（5）瓮体周围用土填好夯实，防止瓮体塌陷、倾斜。回填土不得含有砖块、碎石、冻土块等；回填时，化粪池、卫生洁具、管道等应无损伤、沉降、位移。

（6）安装完成的化粪池应进行检查，对整个系统做抗渗漏检测，确保各连接位置无渗漏后方可进行下个工序的施工。

（7）化粪池覆土深度需大于当地冻土层深度，一般不超过2.5米（图5-8）。

图5-8　预制双瓮化粪池的安装

（二）排气管、进粪管与便器

排气管和进粪管同三格式。便器应采用节水型便器，如脚踏式高压冲水器（图5-9）。

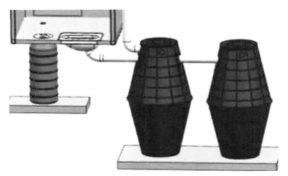

图5-9　便器、排气管、进粪管与瓮的连接

（三）过粪管

过粪管一根，控制粪液从前瓮流向后瓮。过粪管主要有倒L形及直接斜插连通管等形式。倒L形容易固定，防渗漏效果较好；直接斜插管不容易堵塞，节省管材，但现场施工不容易固定，安装不好容易渗漏。

（1）采用倒L形过粪管，两个安装口上缘距瓮顶110毫米，过粪管进口设置在前瓮，距瓮底550毫米。

（2）采用直管斜插的连接方式，要求过粪管前端安装于前瓮距瓮底400～500毫米处，前端伸出距瓮壁50毫米处；后端安装于后瓮上部距后瓮顶110毫米处；前低后高形成30°的角，不能水平安装，更不能前高后低。

四、验收要求

材料、产品验收与三格化粪池一致。两个瓮总容积不小于1.0立方米（根据当地要求可更大），池深不小于1.5米，过粪管前低后高，不渗不漏。

安装及竣工验收与三格式户厕要求基本相同。现场检测化粪池渗漏实验方法：

（1）用于检测两个瓮形化粪池是否渗漏。在两个瓮内注水至过粪管上口下缘，浸泡24小时后观察，水位下降超过10毫米，表明瓮有渗漏。

（2）用于检测过粪管是否渗漏。对倒L形过粪管，在两个瓮内注水至漫过过粪口上缘，浸泡24小时后观察，水位下降超过10毫米，表明过粪管与瓮的连接处有渗漏。对直管斜插，需要排除化粪池渗漏后，观察两个瓮的水位下降情况。

建造过程中的常见问题主要有：

1.双瓮生产与安装

（1）生产质量不合格，原料质量差，加工厚度不均匀，抗压、耐腐蚀等性能指标达不到要求。尤其在寒冷地区，塑料制品脆性增加，容易损坏。

（2）瓮的深度和容积不足，总深度不足1.5米，或单瓮容积不足0.5立方米。上下半瓮连接不合理，容易变形，向外渗漏。

（3）过粪管安装角度不符合要求，水平放置，或前高后低导致安装倒置；与瓮体连接处接缝不严密出现渗漏，固定不牢容易出现过粪管脱落。

（4）化粪池清粪口、清渣口位置低于周围地面，容易导致雨水倒灌。

（5）回填土有石子等，对双瓮造成损坏；回填不均匀，造成瓮体变形或位移。

2.厕屋便器

厕屋便器建造过程中的常见问题与三格式户厕相同。

五、管理与维护

管理与维护方面的常见问题与三格化粪池基本相同，在日常使用过程中，应注意在以下几方面加强管理与维护：

（1）用前加水：新建厕所使用前应往前瓮加一定量的河水或井水（不可加含氯消毒剂的水），深度以稍淹没连通管下口为宜。其作用主要有：一是使粪便得到适度稀释，以利虫卵沉淀和中层粪液流入后瓮；二是促进粪便的发酵分解；三是阻挡前瓮蝇蛆爬到后瓮；四是少量水可以防止瓮壁干裂损坏，后瓮也应加少量水。

（2）用时控水：厕室内应备有储水桶、水勺和卫生用具，如扫帚、刷子等。大便后，应用少量的水冲洗便器，刷洗掉便器上残挂的粪便和尿迹。每天清便器的水量不宜超过2升。经常清扫、刷洗厕室地面，不能将大量生活污水倒入瓮中。

（3）行动不便的老人或小孩的粪便，应在厕室蹲位处倾倒，不可随便倒入后瓮粪池。

（4）加盖密封，没有粪便暴露，保持厕所清洁卫生，减少臭气，避免招来苍蝇，滋生蝇蛆。

（5）可取用后瓮粪液作为肥料，禁止直接从前瓮取粪施肥。

（6）定期清除前瓮粪渣。前瓮的粪渣，需每年清除1次，清除的粪渣一定要经堆肥等无害化处理后，方可用于农田做底肥。如果不清除粪渣，在瓮池底部越积越多，逐渐减少粪瓮有效容积，影响无害化效果。

（7）注意养护和维修，发现部件破损或后瓮盖丢失时应及时修缮。

六、改进型

（一）三瓮式化粪池

在双瓮的基础上增加一个瓮，形成前、中、后3个瓮（图5-10）。这样的改进，可以提升无害化效果，增加使用人数。

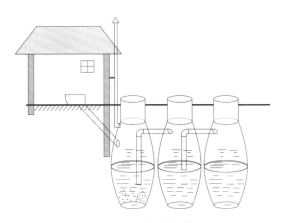

图5-10　三瓮式化粪池

针对男女分厕的家庭，可以设置两个前瓮，通过两个进粪管进入同一个后瓮中。

（二）两格式化粪池

1.结构与原理

两格式化粪池由不渗漏的两格池和一个过粪管组成（图5-11）。两格式化粪池规避了双瓮式户厕存在的占地较大、双瓮中部连接易渗漏、双瓮间出现相对位移导致过粪管损坏的问题，以及寒冷地区因埋深大造成的双瓮变形问题。

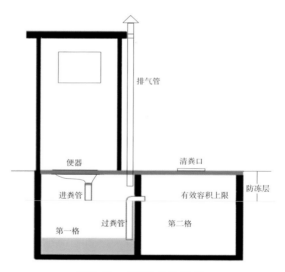

图5-11　两格式化粪池

2.两格式化粪池的建造

（1）两格式化粪池可以砖砌建造、混凝土捣制，也可采用预制厕具产品。

（2）总容积不小于1.5立方米，根据使用人口数、用水量大小可适当增加双格容积。化粪池深度不小于1.5米。

（3）过粪管设置：过粪管的下端口位于第一格距池底500毫米处；在第二格上端口上缘距池顶110毫米处，管内径≥100毫米。过粪管连接处应牢固密闭不渗漏，可采用倒L形或直管斜插的方式。

（4）在北方地区，化粪池液位在冰冻线以下，化粪池的上部应留有空间，池顶上面加保温材料。

（5）在化粪池的一、二池预留的清渣口、清粪口，通过竖井（材质可以是砖砌、水泥管、波纹管等）与地面出口连通，化粪池顶部、竖井周围加填保温材料。

（三）双瓮＋土壤渗滤系统

后期处理参见三格式户厕的改进型。

（四）双瓮＋集中处理系统

后期处理参见三格式户厕的改进型，也可以单户渗透处理或集中处理。

06 第六章

沼气池式户厕

▶

沼气池式户厕适用于我国黄淮河及秦岭以南的农村地区。在全国其他地区包括寒冷地区只要处理好冬季防冻问题，如沼气池建在暖棚内，沼气池式户厕也可以应用。

随着经济发展和人居环境改善，家庭养殖越来越少，而沼气池的正常运行仅靠人粪尿远远不足，还需要投进较多的禽畜粪便。这也是近年来沼气池式户厕使用情况较差的原因，一些沼气池变成了储粪池使用。

一、卫生学原理

人畜粪便和各种有机废物直流进入沼气池中，在厌氧条件下，经微生物发酵降解，产生沼气等（主要是甲烷）；其中的沼气可以用作燃料，沼液和沼渣可用作农作物肥料。

二、主要结构

沼气池式户厕是以厕所、畜圈、水压式沼气池为基本结构。其主要有便器、进粪（料）口、进粪（料）管、沼气池（由发酵间和贮气室组成）、出料管、水压间（出料池）、活动盖、导气管等几部分组成。地上厕室、畜圈不再赘述。

农村家用水压式沼气池主要有3种池形，即圆筒形、球形和椭圆形。3种池形的共同特点是：贮气室在发酵间内，气室内的沼气压由发酵间与水压间的液面差来平衡及输出使用。

在蹲位安装便器，下端接进粪管，连通到畜圈的进粪管进入沼气池，即成为三联通式沼气池厕所（图6-1）。

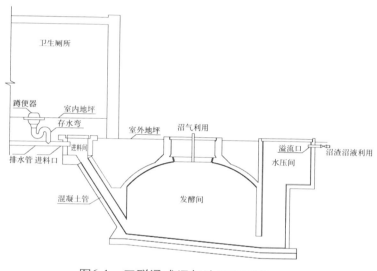

图6-1　三联通式沼气池厕所示意

三、建造要求

建造沼气池，要严格按照相关标准、由受过专业培训的技术人员实施，同时要按照相关标准来建设和验收。这些标准规范应以最新版本为准，包括：

GB/T4750《户用沼气池设计规范》；

GB/T4751《户用沼气池质量检查验收规范》；

GB/T4752《户用沼气池施工操作规程》；

NY/T2451《户用沼气池运行维护规范》；

NY/T2450《户用沼气池材料技术条件》；

NY/T90《农村户用沼气发酵工艺规程》；

NY/T465《户用农村能源生态工程南方模式设计施工和使用规范》；

NY/T466《户用农村能源生态工程北方模式设计施工和使用规范》；

NY/T1639《农村沼气"一池三改"技术规范》。

根据全国爱卫会办公室制定的《血吸虫病流行地区农村改厕管理办法》，在血吸虫流行地区，不采用可随时取沼液与沼液随意溢流排放的设计模式。

07
第七章
粪尿分集式户厕

▶

　　粪尿分集式户厕通常指的是粪尿分集式旱厕，是20世纪90年代从瑞典引进的一种生态旱厕，也称干封式粪尿分集式厕所。该类型厕所仅用很少量水冲洗小便池，大便后加灰，经脱水干燥处理后重量和体积缩小，基本无污染环境与危害人体健康的污物排放，少量残留物可用于土壤施肥，因此被称为生态厕所。

　　此类型厕所适用于干燥、缺水的地区，在寒冷地区和其他地区也可使用，由于如厕方式和清理方式与传统厕所差别较大，用户的接受度和养成正确的使用习惯存在较多困难。

　　还有一种使用水冲的粪尿分集式厕所，便后用水冲，在我国并不常见。

一、原理与流程

　　粪便中75％是水分，其他是未消化的有机物，含有纤维素等大分子物质，致病微生物和肠道寄生虫等主要存在于粪便中，虽然单个重量很小，但数量众多；正常情况下尿中基本不含有致病微生物。人排泄物中所含的养分主要是氮、磷、钾，其中80％以上存在于尿中且以作物易吸收的形式存在。

　　基于以上依据，粪尿分集式户厕的原理是将粪和尿分别导入储粪池、储尿桶中分开收集。把量多、富含养分且基本无害的尿兑水后可作肥料利用；对含有致病微生物和肠道寄生虫卵的人粪单独收集，用草木灰覆盖可吸味、脱水，形成干燥、偏碱性环境，干燥脱水使粪便达到了无害化处理要求。

二、主要结构

粪尿分集式户厕包括厕屋、粪尿分集式便器、储粪池、储尿桶以及清粪口盖板（晒板）等（图7-1）。

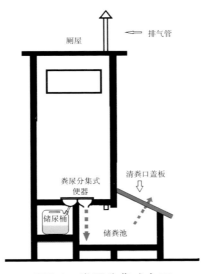

图7-1　粪尿分集式户厕

（一）厕屋

可以是独立式厕屋或附建式厕屋，考虑储粪池的防渗、防潮和干燥，储粪池一般建造在地面之上或半地上，厕屋外墙高度应满足室内使用与储粪池共用，一般在2.6米以上，其中至少有一个墙面的朝向可以接受到阳光。此外还需要在厕门外或厕屋内建造台阶，方便进出厕所。

（二）粪尿分集式便器

粪尿分集式便器是本类型厕所最重要的部分，也是区别于其他类型厕所的特征性便器（图7-2）。蹲便器分别有

图7-2　粪尿分集式便器

粪、尿两个收集口，便器排粪口直径160～180毫米，排尿口直径为30毫米；在寒冷地区的室外厕所，排尿口直径≥50毫米，便器长度≥500毫米。还有粪尿分集式坐便器，使用更方便。

粪尿分集式便器常用蹲便器，家里有老人和行动不便者使用坐便器也是很好的选择。材质可以是陶瓷、玻璃钢、ABS（丙烯腈-丁二烯-苯乙烯）塑料等，但要注意材质质量和设计弧度，不但要求坚固耐用，还要考虑小便时最好不要引起便器发出较大的声响，以免引起如厕人的尴尬。

（三）储粪池与储尿桶

储粪池：单储粪池容积不小于0.8立方米，一般长1.2米，宽1米，高0.8米。双储粪池每池容积不小于0.5立方米，长1.5米，宽1米，高0.8米，分割成两个池。

储尿池：容积0.2～0.5立方米，里面可放置25～50升的塑料桶用作储尿桶，储尿时间10天左右。

（四）小便器

每天小便的次数一般多于大便次数，考虑男性站立式小便，距离便器较远，容易导致尿水失控或溅入大便口，建议在厕屋内另设小便挂斗，方便男性小便，尿收集后通过排尿管导入储尿桶。

三、建造与安装方法

（一）储粪池

储粪池有单池和双池，建造方法有砖砌、水泥预制，以及玻璃钢、塑料预制式储粪池。

储粪池要因户因地制宜，可建在地上、半地上或地下（深约0.2米）。砌筑储粪池时，池底平放一层砖头并灌水泥砂浆；用单砖形式砌筑贮粪池墙体，如需承重，采用24墙，整池用水泥砂浆挂面，做好防水处理。

1.施工关键

（1）防渗漏，防止污染地下水源，防止地下水渗入储粪池。

（2）清粪口密闭，防蝇蛆，并防止污染周围环境。

（3）粪池容积至少0.8立方米，储粪至少半年以上。

（4）通风排气通畅，基本无臭味并快速蒸发水分。

（5）保持干燥，储粪池一般建在地面之上或半地上，可以防止空气湿度大时潮气进入储粪池，也避免地下水渗入储粪池；通过清粪口的密闭、晒板加热，以及排风管的抽风作用，可以快速带走湿气。

2.建造形式

储粪池有双池交替、单池垂直分隔等类型（图7-3）。双池交替比较理想，能有效防止新旧粪便交叉污染，确保

图7-3 不同的建造形式

粪便无害化。

交替可通过双池双便器、双坑单便器移动、双池更换等实现。

双便器式不仅需要多用一个便器，而且占地较宽，故造价比较高。

如果厕所坑较高可在中间加一斜板作成垂直分隔，这样造价较低，也能起到双坑的效果。

采用双池更换的方式，需备两个储粪池，建造更加简单。

（二）储尿桶与晒板

1.储尿桶（池）

可选用塑料桶、陶瓷缸等，可在厕所背阴处或厕屋内，设置储尿桶固定位置，或建造储尿池，内置储尿桶。寒冷地区需要有防冻措施。

储尿桶通过尿收集管与便器的尿收集口连接，距离尽可能短，没有拐弯，有一定的倾斜度；尿收集管可用直径

30毫米的塑料管、胶皮管等，在寒冷地区距离尽可能短，并可加大管的直径至50毫米。

2.晒板

有条件的可利用太阳辐射热，通过晒板大大加快粪便的脱水干燥，减少加灰量，并迅速达到无害化效果。晒板一般用1～2毫米厚的白铁皮涂上沥青制成，尺寸根据厕坑清粪口斜坡的大小确定，并且平整密闭；晒板在厕所出口外坡度以45°为最佳。在安装时将靠厕屋墙一边嵌入30～50毫米，以防止晒板脱落和雨水淋入。

（三）排气管

排气管是粪尿分集式旱厕的重要部分，一方面除臭，另一方面加速粪便中水分蒸发，加速无害化。

排气管的安装位置，下端设置在储粪池顶板下，上端高于厕屋顶500毫米。顶部设置防雨罩，防止雨水流入储粪池。排气管最好为直管，不要有直角弯影响排气通畅。

四、验收要求

（一）材料与施工验收

（1）选择的材料设备须是正规生产厂家的合格产品，具有质量鉴定报告，有条件的地区应对材料设备进行现场抽样送检。材料设备的供应根据供货量，宜在《材料采购合同》中明确售后服务。

（2）便器的规格、型号必须符合使用要求，并有出厂产品合格证；便器零（配）件的规格应达标，质量可靠。

（3）储粪池密闭无渗漏，无破损、无裂缝。

（4）尿收集管与便器尿收集口连接牢固、紧密，不会自行脱落。

（5）排气管安装符合要求，排气通畅，排气管上口安装防雨罩。

（二）现场检测方法

排气实验：用于检测排气管安装是否正确，排气是否通畅。

在便器口附近点燃烟或纸质材料，观察烟气是否能顺利从便器排粪口吸入，然后从排气管冒出。若是，则说明抽风良好。

（三）建造过程中的常见问题

（1）储粪池密封不好，雨水容易进入；

（2）排气管太细或不够长，安置高度不达标，没设置防雨罩，影响通风干燥效果；

（3）晒板接受不到阳光，加热效果差；安全警示不到位，有潜在踩踏危险；

（4）粪尿分集式便器材质不合格，容易损坏；

（5）厕屋台阶太高或陡，老人和儿童使用不方便。

五、管理与维护

（一）使用管理要求

粪尿分集式厕所主要是通过脱水干燥来达到无害化效果，因而严禁厕坑进水，保持厕坑干燥是正常使用的关键。

（1）新厕所使用前需要在厕坑底部铺一层草木灰（50～100毫米）或干燥的尘土，用扫庭院的干尘土最好，除能吸湿吸臭外，还能提供分解粪便的微生物，加快无害化处理速度。

（2）使用时注意尿不要流入储粪池，尤其是客人使用时，应提醒客人在洗刷时禁止将水流入储粪池。

（3）配置灰桶或自动撒灰装置，便后及时加灰（草木灰、干炉灰、细沙土、锯末或稻壳等），加入量应为粪量的2～3倍（图7-4）。不同覆盖料对粪便的无害化效果不同，其中草木灰效果最好，其次分别为炉灰、锯末或稻壳、黄土。若在黄土中加入适量生石灰，则效果更佳。

（4）定期翻倒储粪池。对于单坑式户厕，因新、旧粪便混放，不能同步达到无害化，定期翻倒储粪池有利于粪便尽快脱水干燥，并加速其无害化进程。在厕坑内堆存半年到1年，避免新鲜粪便施入农田。

（5）尿储存在较密闭的桶内，存放7～10天，用5倍水稀释后可用于施肥，夏天放置时间可适当缩短。如不需要尿液施肥时，也可排入简单的土地渗滤系统，避免对环境造成影响。

（6）使用时注意入粪口位置，防止大便污染便器，若有粪便挂壁可用灰土擦拭，禁止用水冲刷。

（7）厕所如果发出臭味或发现有苍蝇及其他昆虫滋生，说明出了问题，一般是由于尿或水进入了粪坑导致厕坑潮湿，这时需要及时找出漏水的原因并加以解决。厕坑应补加一些草木灰之类的物质，吸附多余水分，只要能保持厕坑干燥就不会出现上述问题。

图7-4　便后加灰掩盖住粪便

（二）使用管理中常见问题

（1）便后不加灰或不及时加灰、加灰量不足。该模式厕所无害化处理以使用草木灰效果最佳，但随着农村使用电、煤和煤气越来越普及，草木灰产生量越来越少，不能满足实际需求。

（2）小便尿到大便池，导致储粪池潮湿。

（3）严寒季节，排尿管容易冻结。

（4）排尿管脱落后不维修，导致粪尿混合。

（5）用水清刷便器。

08 第八章

双坑交替式户厕

▶

双坑交替式户厕是在西北地区农村传统旱厕基础上改进而来的，也是国际组织早期在中国推广的卫生旱厕模式之一。西北农民有便后在厕坑内加入干燥黄土的习惯，可以遮盖住暴露的粪便，起到防臭、防蚊蝇的作用。通过对原有厕所的改造，禁止新粪便清出，使储存的粪便达到无害化要求。

双坑交替式户厕有两种类型，一种是加土的旱厕模式，另一种是仅储存粪尿、不加土遮掩的湿式厕所模式。常用的是旱厕模式。

在干燥、缺水及寒冷地区，由于无法冲水，或难以解决防冻问题，以及传统上使用固体粪肥的地区，可选用此类型。使用方式与原有旱厕相同，但占地较大，维持其清洁卫生比较困难。

一、原理与流程

建造两个储粪池，人粪尿与土混合，当使用的第一个储粪池快满时，将其密封堆沤，同时启用第二个储粪池。经过半年以上的堆沤，待第一池内粪便充分分解沤熟后，全部清出，再重新投入使用；同时密封第二池，实现两个储粪池交替循环使用。

由于密封堆沤不是高温堆肥处理，仅仅是厌氧的堆沤，如果在冬季，寄生虫卵可能没有全部灭活，建议进行二次堆肥处理后再用做底肥。

二、主要结构

双坑交替式户厕主要结构包括厕屋、两个储粪池或厕坑、蹲台板、清粪口及清粪口挡板。

储粪池由两个互不相通但结构和规格相同的长方形厕坑组成。厕坑高度600～800毫米，厕坑容积不小于0.6立方米。每个厕坑在后墙外各留有一个300毫米的方形清粪口。

每个厕坑上部设置一个便器。厕坑盖板可用钢筋混凝土预制，厚度50毫米。排气管可用内径100毫米的塑料管或其他管材（图8-1）。

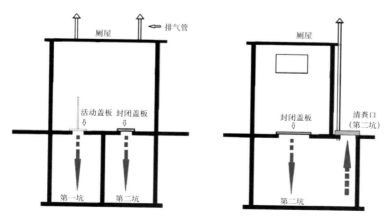

图8-1　双坑交替式户厕结构剖面

三、建造与安装方法

双坑交替式厕所的储粪池常用的是砖砌法，也有玻璃钢、塑料预制式储粪池。通常是先建储粪池，在上面建厕屋，储粪池可在地面之上或地面之下。

1.厕所选址

应尊重当地风俗习惯并征求用户意见。考虑此类型厕所不能完全消除臭味，不建议厕所入室，宜建在当地主导风的下风向。选址后按照储粪池容量量好尺寸放线，注意留出砖砌的余地。

2.地基处理

地基略大于储粪池，先夯实土层，再铺50毫米厚的碎石垫层，上浇80毫米厚的混凝土。

3.砖砌储粪池

可以用砖或石块垒砌，再用水泥抹面；用水泥预制板制作或现浇的方法施工质量较好。

如果用水泥预制板或玻璃钢储粪池，可以设计成池底向外倾斜的形式，以便清粪。

4.储粪池挡板

清粪口挡板面积为400毫米×400毫米，方形，可用水泥预制板、木板或塑料盖，安装后要将周边密封严密，防止臭味逸出。

5.蹲台板

钢筋混凝土浇筑，弧度100毫米，尺寸为1.2米×2.0米。上面留有4个口，前面两个为蹲便口，尺寸为450毫米×200毫米；后面两侧各留一个圆形口，供安装排气管。蹲台板可以制作成一块整体板，也可以分别制作成两块板。

6.便器盖

可分别制作两块盖板。一块用木板或塑料板等轻体材料制作，上面有提手或握把，用于覆盖正在使用的厕坑坑口。另一块不设方便的提手或握把，用于封闭正在发酵的厕坑。

7.安装排气管

排气管下端设置在储粪池顶板下，每个储粪池安装一个排气管；也可用三通连接的方式，将两个下端口伸到两个池，共用一个排气管。上端高于厕屋顶500毫米，排气管可设在室内或室外，并固定在临近的建筑上。

双坑交替式户厕建筑内外侧示例见图8-2。

四、管理与维护

（一）使用管理要求

（1）旱厕第一次启用前，储粪池底部铺一层干细土，密封清粪口挡板。

图8-2　双坑交替式户厕内外侧示例

（2）每次便后加土覆盖。

（3）待粪便贮满后封存；同时启用第二池，两坑轮换交替封存和使用。

（4）厕坑粪便封存半年以后，清出后可用做底肥。如果是寒冷冬季封存，需进行二次堆肥处理。

（5）如果不足半年需清掏，应采用高温堆肥等方式进行无害化处理。

（二）使用管理中常见问题

（1）两个坑同时使用，不加盖板。

（2）便后不加土覆盖或加土量不足，导致粪便暴露，臭味较重。

（3）加土量大，很快充满储粪池，导致储存时间不够。

（4）储粪池未满，频繁清理。

（5）粪便清理后随意丢弃。

09 第九章

污水处理模式

　　在农村改厕工作中，应根据污水治理要求，因地制宜地确定厕所污水的处理模式。厕所污水（粪便及冲厕污水）可单独处理，或与其他生活污水合并处理，通过原有化粪池（包括三格式、双瓮式、沼气池）处理后的污水的处理，可采用下水管道纳管或抽粪车清运后集中进行处理，属于污水处理范畴。

一、模式选择

　　（1）选择合并生活污水处理时，采取集中与分散相结合的方式，城镇周边的村庄污水可纳入市政管网，平原地区人口较集中的村庄可采用集中污水处理站，山区及人口较分散的村庄可采用户用污水处理设施。

　　（2）选择厕所污水单独处理时，采取分散与集中相结合方式，强化户用化粪池等设施建设。厕所污水经化粪池等设备处理达到有关标准后用于施肥。

　　对化粪池定期清掏，抽取和运送至污水处理厂或畜禽粪便处理中心进行资源化处理（表9-1）。

二、户用污水处理设施

（一）适用范围

针对没有可利用土地的散户或对排水水质要求较高的

地区，可采用户用污水处理设施进行处理，户用设施可采用生物接触氧化池设备。处理后的污水可直接排放或进一步生态处理后排放。

表9-1 农村户厕污水处理的不同模式

处理模式		特 征
分散式处理	户厕+大三格化粪池	在分户/联户的大三格化粪池中实现对粪便的无害化处理，达到满足农田施肥的卫生条件
	户厕+一体化粪污处理设施	在分户/联户的一体化粪污处理设施中实现粪污无害化和污水达标处理。排出的固体物处理后可以回用农田施肥，处理水可作为绿化灌溉水利用
	户厕+沼气池	开展庭院养殖的农户，人粪尿和畜禽粪污合并进入户用沼气池进行无害化处理。沼气池清出的沼渣可作为肥料回用农田
村/联村集中处理	户厕+小三格化粪池+村集中管网+村/联村污水处理站	厕所粪污经小三格化粪池截留粪便，化粪池出水与其他生活污水共同进入村/联村集中污水处理站进行处理
	户厕+单格储粪池+村/联村粪尿集中处理站	人粪尿在单格储粪池储满后，转运到村/联村粪尿集中处理站进行无害化处理，排出的固体物处理后可以回用农田施肥，处理水可作为绿化灌溉水利用
纳管处理	户厕+小三格化粪池→城镇污水处理厂	厕所粪污中的固体物被小三格化粪池截留，化粪池出水经村集中管网收集直接排入临近城镇污水处理厂，与城镇污水合并处理
纳入规模沼气工程处理	户厕+单格储粪池→规模沼气工程	人粪尿在单格储粪池储满后，转运到规模沼气工程进行无害化处理

（二）工艺原理与流程

　　户用农村污水处理设施以接触生物氧化工艺为主，根据排放要求采用厌氧、好氧、缺氧/好氧等工艺形式。好氧过程主要去除COD，并将氨氮转化为硝态氮，连续缺氧/好氧工艺将硝态氮回流至缺氧，利用进水中的有机物进行反硝化，达到脱氮目标。工艺形式可采用回流式及连续缺氧/好氧工艺等。户用污水处理设施流程见图9-1。

　　生物接触氧化池可采用单级和多级接触氧化。当具有脱氮功能要求时，应采用缺氧池和好氧池组合工艺。

图9-1　户用污水处理设施流程

　　生物接触氧化池容积负荷宜参考表9-2。其中，好氧池（Ⅰ）为去除COD的处理方法，有脱氮要求时将好氧池（Ⅱ）与缺氧池联合使用。

表9-2　生物接触氧化池BOD_5容积负荷参数[kg／（$m^3 \cdot d$）]

类　　型	处理能力（吨/天）	<5
去除COD时	好氧池（Ⅰ）	0.15～0.18
去除COD和总氮（TN）时	好氧池（Ⅱ）	0.10～0.12
	缺氧池	0.06～0.08

　　可参考《户用生活污水处理装置》（CJ/T441—2013）的相关要求。

三、村／联村污水处理站

（一）适用范围

包括以去除COD为主的处理工艺，以及以去除氮、磷为主的处理工艺。

1.以去除COD为主的处理工艺

厕所污水与生活污水可在村/联村污水处理站进行混合处理。生物处理单元应采用好氧技术，可采用设施包括生物接触氧化池、氧化沟等。

在处理规模较小、低于200吨/天时，宜采用生物接触氧化法。

处理规模较大、高于200吨/天时，可采用生物接触氧化法与活性污泥法进行处理。

为保证处理效果，应好氧处理，好氧池溶解氧宜保持在2.0毫克/升以上。

2.以去除氮、磷为主的处理工艺

饮用水水源地保护区、风景名胜区或人文旅游区、自然保护区、重点流域等环境敏感区，污水处理不仅需要去除COD和悬浮物，还需要对氮、磷等进行控制，防止区域内水体富营养化，出水直接排放到附近水体或回用。主要在处理村落污水时采用。

（二）工艺原理与流程

1.以去除COD为主的处理工艺

采用生物接触氧化法/活性污泥法处理，根据排放要求采用好氧、缺氧/好氧等工艺形式（图9-2）。以去除COD为主时，生物处理单元以曝气池为主。

图9-2　生物处理技术为主的村落污水处理工艺流程

2.以去除氮、磷为主的处理工艺

以去除COD、总氮（TN）和总磷（TP）为目的的地区，污水处理工艺可以采用生物与生态技术相结合的组合工艺（图9-3）。

图9-3　生物-生态处理技术为主的村落污水处理工艺流程

生物处理单元中的缺氧/厌氧处理单元宜采用厌氧生物膜单元；好氧生物处理单元宜采用序列间歇式活性污泥法（SBR）反应池、氧化沟等工艺，工艺流程见图9-3。若处理规模低于200立方米/天时，宜采用生物接触氧化法；处理规模大于200立方米/天时，宜采用活性污泥法工艺。

生态处理单元宜采用人工湿地、生态滤池和土地渗滤等，以除磷和优化水质为主。调节池可与厌氧生物膜单元合建。

四、村／联村粪尿集中处理站

（一）适用范围

在不使用粪肥、又不宜建造下水管道的情况下，可采用抽粪车的形式，统一收集后处理。

（1）家庭中已经改建了不渗不漏的储粪池，不想再改建；

（2）已修建了三格式、双瓮式厕所，但不再使用有机肥；

（3）当地蒸发量大，村民用水量少，污水很少存留在下水管道中；

（4）地质、地形、气候等条件不适宜修建下水管道。

（二）工艺原理与流程

通过抽粪车收集的厕所粪污可在粪尿集中处理站进行处理。

粪尿集中处理站以生物处理工艺为主，宜采用活性污泥法及膜生物反应器等工艺，当有除磷需求时，可采用化学除磷工艺。初沉池沉渣、生化池剩余污泥及二沉池污泥等固体废弃物可统一堆肥处理后进行资源化利用。活性污泥法的容积负荷取值宜为0.1 ~ 0.4千克/（立方米·天）（以BOD_5计）。活性污泥法可采用连续进水间歇曝气运行模式脱氮。

五、稳定塘

（一）适用范围

适用于中低污染物浓度的生活污水处理；可以充分利用山沟、水沟、低洼地或池塘等，以及土地面积相对丰富的农村地区；在南方地区较为多见，北方寒冷地区可以使用，但需要设立污水贮存塘。

（二）工艺原理与流程

稳定塘是以太阳能为初始能量，通过在塘中种植水生植物，进行水产和水禽养殖，形成人工生态系统。在太阳能（日光辐射提供能量）作为初始能量的推动下，通过稳定塘中多条食物链的物质迁移、转化和能量的逐级传递、转化，将污水中的有机污染物进行降解和转化。最后不仅去除了污染物，而且以水生植物和水产、水禽的形式作为资源回收，净化的污水也可作为再生资源予以回收再用，使污水处理与循环利用结合起来，实现污水处理资源化。稳定塘断面示意见图9-5。

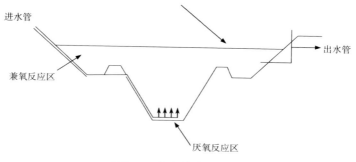

图9-5　稳定塘断面示意

（三）优缺点

1.优点

（1）能充分利用地形，结构简单，建设费用低；

（2）可实现污水资源化和污水回收及再利用，节省水资源；

（3）处理能耗低，运行维护简便，成本低；

（4）美化环境，可形成生态景观；

（5）适应能力和抗冲击能力强，可适应高、低浓度的生活污水处理。

2.缺点

（1）占地面积大；

（2）气候对稳定塘的处理效果影响较大；

（3）若设计或运行管理不当，会造成二次污染；

（4）易产生臭味和滋生蚊蝇；

（5）污泥不易排出和处理利用。

（四）主要类型

稳定塘有多种类型，按照其使用功能、塘内生物种类、供氧途径进行划分，一般可分为好氧塘、兼性塘、厌氧塘、曝气塘和生态塘；还有稳定塘与生物技术结合的方式，加速处理污水，提高处理效果，以及对污水进行深度处理。

（1）好氧塘的深度较浅，一般在0.5米左右，阳光能直接照射到塘底。塘内有许多藻类生长，释放出大量氧气，再加上大气的自然充氧作用，使好氧塘的全部塘水都含有溶解氧。

（2）兼性塘同时具有好氧区、缺氧区和厌氧区。它的深度比好氧塘大，通常在1.2～1.5米。

（3）厌氧塘的深度相比于兼性塘更大，一般在2.0米以上。塘内一般不种植植物，也不存在供氧的藻类，塘水处于厌氧状态，主要由厌氧微生物起净化作用。多用于高浓度污水的厌氧分解。

（4）曝气塘的设计深度多在2.0米以上，但与厌氧塘不同，曝气塘采用了机械装置曝气，使塘水有充足的氧气，主要由好氧微生物起净化作用。

（5）生态塘一般用于污水的深度处理，进水污染物浓度低，也被称为深度处理塘。塘中可种植芦苇、茭白等水生植物，以提高污水处理能力。

（五）设计选型

稳定塘通常根据污染物的负荷、塘深和停留时间等参数进行设计。

（1）当入水的污染物较少时，一般设计为好氧塘或生态塘。

（2）当污水浓度较高时，可设计为厌氧塘或曝气塘。

（3）污水水质介于这两者之间时，通常设计为兼性塘。

（4）稳定塘应尽量远离居民点，而且应该位于居民点长年主风向的下方，以防止水体散发臭气和滋生蚊虫的侵扰。

（5）东北等寒冷地区夏季采用稳定塘技术可对污水进行处理，冬季可作为贮存塘，起到贮存污水（可能需要储存半年之久）、拦截入河的作用。

（6）稳定塘应防止暴雨时期产生溢流，在稳定塘周围应修建导流明渠将雨水引开。

（7）塘的底部和四周可作防渗处理，预防塘水下渗污染地下水。防渗处理有黏土夯实、土工膜、塑料薄膜衬面等。

六、人工湿地

（一）适用范围

适合处理水量、水质变化不大、缺乏管理人员的村庄及小城镇的污水，尤其适合人口密度较低、污水排放较少的农村地区。

人工湿地可因地制宜，根据农户住房周边的地形特点，在住宅旁的空地上，或利用水塘以及公园的景观池改造；规模可大可小，可以多户联用，也可以单户使用；配合种植水生植物，还可达到美化景观的效果。

（二）工艺原理与流程

人工湿地是由人工建造和控制运行的与沼泽地类似的地面，将污水、污泥有控制地投配到经人工建造的湿地上，污水与污泥在沿一定方向流动的过程中，主要利用土壤、人工介质、植物以及微生物的物理、化学、生物三重协同作用，对污水、污泥进行处理的一种技术。其作用机理包括吸附、滞留、过滤、氧化还原、沉淀、微生物分解、转化、植物遮蔽、残留物积累、蒸腾水分和养分吸收及各类动物的作用。

（三）优缺点

1.优点
（1）建造和运行费用较低；

（2）易于维护，技术含量低；

（3）可进行有效可靠的废水处理；

（4）缓冲容量大，可缓冲对水力和污染负荷的冲击；

（5）可美化环境，形成生态景观，种植植物还可产生经济效益。

2.缺点

（1）占地面积大；

（2）受气候的影响较大；

（3）如设计或运行管理不当，则会造成二次污染；

（4）达到稳定运行状态需要较长时间；

（5）设计和运行参数需要较长时间研究确定，以及针对污水特点需要引种特定植物。

（四）主要类型

人工湿地的类型主要有：地表流人工湿地、人工潜流湿地处理系统，以及生物-生态组合处理系统。

1.地表流人工湿地

在表面流湿地系统中，四周筑有一定高度的围墙，维持一定的水层厚度（一般为10～30厘米）；湿地中种植挺水型植物（如芦苇等）。

向湿地表面布水，水流在湿地表面呈推流式前进，在流动过程中，与土壤、植物及植物根部的生物膜接触，通过物理、化学以及生物反应，使污水得到净化，并在终端流出。

2.潜流式人工湿地

潜流式人工湿地的形式分为垂直流潜流式人工湿地和水平流潜流式人工湿地，利用湿地中不同流态特点净化进水。

（1）垂直流潜流式人工湿地：在垂直潜流系统中，污水由表面纵向流至床底，在纵向流的过程中污水依次经过不同的介质层，达到净化目的。垂直流潜流式人工湿地具有完整的布水系统和集水系统，其优点是占地面积较小，处理效率高，整个系统可以完全建在地下，地上可以建成绿地和配合景观规划使用。

（2）水平流潜流式人工湿地：污水由进水口一端沿水平方向流动，依次通过沙石、介质、植物根系，流向出水口一端，以达到净化目的。

3.生物-生态处理系统

为了更有效地去除水中的营养物和其他污染物质，将生物、生态处理技术联合起来，对污水进行组合处理，弥补独立生物处理或生态处理的缺陷。

（五）设计选型

（1）应根据污水类型、污水量、排放要求以及当地地理、地质等条件综合考虑。

（2）人工湿地选择的地基要稳定，与居住地有一定防护距离。

（3）湿地底部作防渗处理，预防下渗污染地下水。防渗处理有水泥砂浆或混凝土、塑料薄膜、黏土防渗等。

（4）湿地填料能为植物和微生物提供良好的生长环境，具有良好的透水性。常用填料包括石灰石、矿渣、蛭石、沸石、沙石等。

（5）植物选配是人工湿地的重要内容。应选用净化吸附能力强、适合当地气候、易管理、具有一定经济价值和景观价值的植物，常见的有芦苇、香蒲、菖蒲、美人蕉、水芹等。

（6）如果有特殊要求，如除磷等，可有针对性选择填料和植物。

七、一体化生物处理设备

将不同技术单元集成后处理生活污水的组合体。通过投加生物增强菌剂，增强处理能力，使污水达到排放标准。在具体建造上有不同的形式，但原理基本相同。可应用于单户、联户或整村的生活污水处理，这里重点介绍一种单户处理设备。

（一）工艺原理与流程

1.工艺原理

利用附着在填料上的微生物对污水中的有机污染物进行生物降解，达到净化污水的目的。

2.工艺流程

一体化处理设施的处理模式及工艺流程可根据去除目标的不同采取以下几种模式，排水有消毒需求时应设消毒池或使用含氯消毒药片。

（1）去除COD模式1：设施构造依序为好氧生物接触

氧化池、沉淀池。

（2）去除COD模式2：设施构造依序为厌氧生物接触氧化池、沉淀池。设备出水应接入人工湿地等自然生物处理技术系统进行深度处理。

（3）总氮去除模式3：设施构造依序为缺氧生物接触氧化池、好氧生物接触氧化池、沉淀池。

（二）主要构成

（1）地上部分：厕屋、便器、电器配电箱，以及其他生活污水排放的接口和管道。

（2）地下部分：沉淀桶、隔板、填料、厌氧滤床，以及回流管、曝气管、污水排水管、中水排水管等。

（三）建造要点

（1）设备总容积≥1.2立方米，深度≥1 200毫米；适合一家3～4口人使用，对于人口多的家庭，可适当选用稍大规格产品或增加处理器套数。

（2）设备按处理过程一般分为4个处理池：缺氧池、厌氧池、好氧池和沉淀回流池。需要配套安装沉淀桶，可根据条件选择是否增加隔油桶、清水桶。

（3）污水排水管、中水排水管采用内径100毫米的聚氯乙烯塑料管及相关管件。

（4）成套的技术和产品，可直接安装。

（5）现场施工需要做好基底处理，设备放置稳固，检查口无倾斜现象。

一体化生物处理主要设备示意见图9-6。

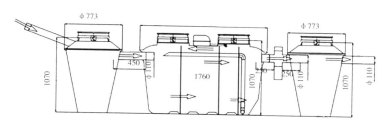

图9-6　一体化生物处理主要设备示意（单位：毫米）

（四）运行管理

（1）初次启用：投加菌种，连接电源，进行调试运行，24小时后可以排入污水使用。

（2）设备投加菌剂正常使用后，使用期间不得断电，以保证菌种存活及繁殖。

（3）设备工作温度为0～40℃，适宜温度为5～25℃。

（4）定期清理曝气泵过滤棉（12个月一次）。

（5）不要把尘土及垃圾倒入设备中，尤其是清水桶中，以免堵塞中水泵。

（6）设备内除洗澡、洗衣、洗菜、厨房及厕所污水可以正常进入外，应防止含有农药等其他物质的污水和卫生巾等不能降解的物品进入。

（7）如非正常断电超过6小时，再次启用时需要曝气5～10小时后再进污水。

（8）如设备断电超过10天，需要预曝气2～3天复苏菌种，期间不得引入污水。

10 第十章

管理 与 维护

　　管理与维护应贯穿于农村户厕建设的全过程，这是科学有序推进农村改厕的重要环节，是巩固农村改厕成果、保证长期发挥效益和可持续发展的主要保障。

一、农村户厕建设基础信息管理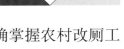

　　地方各级主管部门应及时调度、准确掌握农村改厕工作动态信息，对相关数据严格核实，保障各项基础数据的真实性、准确性和完整性。

　　（1）开展户厕建设基线调查，掌握各村农户使用户厕的现状与存在问题，合理制定规划；根据本地社会经济发展状况、自然环境和气候特点，因地制宜选用适宜类型的卫生户厕改造模式。

　　（2）建立农村户厕建设台账管理制度，完善农村户厕档案。

　　（3）建立健全农村改厕基础信息数据库，以行政村为单位详细掌握辖区内各村庄基本信息，可包含村庄名称、村庄内未完成改厕户数和已改厕农户数量、卫生厕所类型、建成时间、资金投入、产品来源与施工队伍状况、使用维护情况等。

二、技术培训与健康教育管理

（一）开展技术培训与指导

技术培训与指导是保证改厕进度和质量的重要措施，各级主管部门应有计划、有方案、有组织地针对不同的技术、管理人员和用户开展技术培训和指导。主要内容包括：

（1）粪便无害化原理；

（2）厕所建造技术；

（3）厕所使用与管理要求；

（4）厕所建造质量的现场检查与验收方法；

（5）厕所的卫生学评价方法；

（6）改厕与肠道传染病等防控相关卫生知识以及传播技巧等。

此外，应组织专业技术人员现场指导户厕建设技术规范与施工要点，提高施工人员的知识水平与技术能力，保证建设质量。

（二）开展宣传与健康教育

通过普及农村卫生厕所知识，变"要我改厕"为"我要改厕"，促使农民主动建造和使用卫生厕所、正确管理维护卫生厕所，使农村改厕效果具有可持续性。

1.目标人群及内容

目标人群主要可分为：决策者、师资、骨干人群、施工队伍、普通群众和学生。各人群的重点教育内容为：

（1）决策者：改厕意义、改厕管理及改厕相关政策；

（2）师资：改厕的类型、技术规范、建造技巧以及健康教育基本方法、策略、传播技巧及效果评估；

（3）骨干人群（即热心改厕或公益的农民积极分子）：改厕目的、意义、健康教育基本方法、卫生健康知识；

（4）施工队伍：卫生厕所基本原理、建设、验收；

（5）群众：健康卫生知识、改厕的好处、改厕文化理念、整体推进的社会规范，以及卫生厕所使用管理；

（6）学生：健康卫生知识和养成正确卫生习惯。

2.方法

（1）充分利用电视、广播、报纸等大众媒体广泛宣传报道，积极营造改厕舆论氛围；

（2）以世界卫生日、世界水日、全球洗手日、世界厕所日、爱国卫生月等为契机，广泛宣传改厕与环境卫生、改善人居环境的关系，提高广大群众对改厕工作重要性的认识；

（3）将通俗易懂的宣传内容体现在不同的宣传材料上，如宣传单、折页、挂历、挂图、横幅等；

（4）设置固定宣传栏，在村庄内举办多种形式的宣传活动，让群众参与其中；

（5）学校健康教育活动，如健康教育课、讲座、班会、知识竞赛、展板等，通过"小手拉大手"带动整个家庭环境卫生、个人卫生的改善；

（6）召开改厕现场会，通过建立农村卫生厕所示范户，组织周边农民群众参观、请示范户讲解等，推广农村卫生厕所。

三、技术方案选择的原则

对符合卫生要求、易于推广的农村卫生厕所与粪便处理设施或技术方案应能满足以下质量控制要求：

1.卫生安全的质控

（1）能有效地收集、处理粪便，并与水源有一定间隔的防护距离，防止对环境、水源的污染，切断肠道传染病和寄生虫病的粪便传播途径，以达到保护环境和健康的目的；

（2）厕所化粪池不宜建在有车辆行人的路面下和人群活动的场地下；

（3）厕所地基应夯实，墙体应规范，蹲板和贮粪池盖板应牢固，以防塌陷或跌入，保证卫生安全。

2.有利于粪便综合利用的质控

（1）粪便经过无害化处理后可作为肥料；

（2）粪便厌氧发酵产生的沼气可作为生活能源的补充，沼液可开展其他综合利用，发展庭院经济和养殖业；

（3）采用可以中水回用或浇灌的处理技术。

3.造价适宜、易于推广

大规模、大范围地开展改厕需要动员农民群众参与，除富裕家庭可建造档次较高的卫生厕所外，对广大处于温饱或较低生活水平的农民群众，厕所造价是否适当，农户能否负担得起，这是农民能否接受某种技术方案的重要因素，应审慎处理。

4.技术可靠、易掌握

构筑物工程技术应能对粪便进行有效的储存和处理，能长久发挥效益。其辅助设施要少，建造、维修与管理技术易传授、好掌握；同时应就地取材，尽可能采用当地容易采购或可替代的建筑材料。

5.使用和管理方便

（1）厕所使用和管理是否方便，用户能否接受和掌握，也十分重要，如用水冲洗、掏粪、进料、出料、清渣、发酵等都应考虑；

（2）是否符合当地的生活传统和民族习惯，用旱厕还是水冲厕，用水量的多少及防冻都需充分考虑；

（3）厕坑、化粪池的无渗漏和粪便的无害化处理，是厕所或粪便处理设施能否充分发挥卫生效益的关键。

6.符合厕所革命要求

除了卫生、安全、方便外，厕所还应重视舒适、经济、环保。应考虑到厕所使用的舒适性、维护管理的经济性以及排放物的环保性和可利用性，改善用户生活品质和环境质量。

四、产品安全和质量保障管理

（1）各地农村改厕主管部门负责监督本地区改厕产品的质量、相关企业后续服务等。

（2）承担厕所建设的单位与个人，在持有资质证明的前提下，经技术培训合格后，方可在规定范围内开展承建、经营活动。

（3）选择整体结构或预制产品，需经相关部门进行安全性检测、评价并出具报告。

（4）厕所的结构、材料均应符合《农村户厕卫生规范》（GB19379—2012）及相关技术标准的规定，不得随意改变规范技术要求与施工质量。

（5）不使用对农田土壤、居民环境、人体健康具有不良影响的材料。

（6）企业参与产品供应投标时，应提供产品说明书、合格证等资料和样品。中标产品在未经批准的情况下，不得改变产品的质量，企业对售后服务应有明确的文字承诺。

（7）各地区可结合实际，鼓励在农村户厕改造建设过程中采用成熟的经过试点试验验证的新技术、新材料、新产品和新模式，制定本地区的技术细则等。

（8）新改厕的地区，应先进行试点示范，经科学论证后，方可在该地区推广。

五、户厕使用与维护管理

（1）新改厕农户在启用卫生厕所前应接受有关部门组织的宣传教育与培训，熟悉家庭厕所的特点及使用要求，保证正确使用户厕。

（2）建立户厕维护管理的责任制度，加强日常维护管理工作，保障相关配件的供给与及时维修，保证设施的完好及正常使用。

（3）农户应加强户厕的卫生保洁工作，保持户厕卫生清洁，无异味、无蝇蛆。

（4）指导农户根据所用卫生户厕类型正确清掏和使用粪液、粪渣，按照要求规范清掏粪污，不乱倾倒粪污。

（5）对不使用粪肥的农村，应建立对粪液、粪渣等进行集中收集、清运的管护机制，保证处理后的粪便无害化或资源化利用。

（6）可组建粪污清理专业队伍，满足农户定期清理粪污的需求。

六、验收管理

（一）验收类型

验收包括资料验收和工程实体验收。

（1）建设单位应对全部文件资料进行审核，审核通过后进行系统整理、分类立卷，并及时归档。文件资料审核不通过的，建设单位应提出整改意见，由相关单位限时完成整改，再次提交审核，通过后方能进行工程实体验收工作。

（2）文件资料审核通过后，建设单位应组织工程项目各参与方，进行现场实体验收。重点审查工程建设内容是否与设计文件相符、施工质量是否达到现行的质量验收标准，设备数量、型号、参数及技术要求等是否与设计文件相符，系统是否达到相关防护要求，以及工程项目场地的安全防护措施。

（二）验收项目

1.户厕地上部分

包括厕屋、便器等，按厕屋部分建设要求验收。

2.化粪池

砖砌化粪池、塑料或玻璃钢化粪池按相关规范要求进行验收。混凝土化粪池验收应符合以下规范：

（1）构筑物应符合现行国家标准《给水排水构筑物工程施工及验收规范》（GB50141）；

（2）混凝土结构工程应符合现行国家标准《混凝土结构工程施工质量验收规范》（GB50204）和《混凝土结构工程施工规范》（GB50666）。

3.设备和管道安装

设备安装应按照生产企业提供的安装说明书的要求

实施，并符合以下规范。

（1）设备安装应符合现行国家标准《机械设备安装工程施工及验收通用规范》（GB50231）；

（2）管道工程应符合现行国家标准《给水排水管道工程施工及验收规范》（GB50268）。

（三）验收不合格的处理

质量验收不合格时，应按如下处理：

（1）经返工重做或更换配件后，应重新进行验收；

（2）经返修或更换配件，虽改变外形尺寸但仍能满足结构安全和使用功能要求的卫生厕所，可通过协商进行验收；

（3）经返修或更换配件，仍不能满足结构安全或使用功能要求的卫生厕所，严禁验收。

（四）验收后归档管理

（1）工程竣工验收后，建设单位应将有关设计、施工和验收文件归档。

（2）材料设备供应商、设计单位、施工单位等相关单位应提供设备、设施及厕所化粪池的运行维护详细说明书。

（3）业务主管部门应将有关文件和技术资料归档。应建立改厕户档案，内容可包括：申请表、协议书、技术指导记录、竣工验收表、施工照片等。

工程项目的验收应与后续的运行管理紧密衔接。

参考文献

付彦芬, 2019. 中国农村厕所革命的历史实践 [J]. 环境卫生学杂志, 9(5)：415-417.

付彦芬, 曲晓光, 2007. 中国农村学校无害化卫生厕所技术指南 [M]. 北京：人民卫生出版社.

罗斯·乔治, 2009. 厕所决定健康 [M]. 北京：中信出版社.

苗艳青, 陈文晶, 2016. 农村水与环境卫生：成效与挑战 [M]. 北京：社会科学文献出版社.

全国爱国卫生运动委员会办公室, 1992. 爱国卫生 40 年 [M]. 北京：人民日报出版社.

卫生部与中国国家标准化管理委员会, 2012. 粪便无害化卫生要求：GB7959—2012 [S]. 北京：中国标准出版社.

卫生部与中国国家标准化管理委员会, 2012. 农村户厕卫生规范：GB19379—2012[S]. 北京：中国标准出版社.

UNICEF and World Health Organization, 2015. Progress on Sanitation and Drinking Water, 2015 Update and MDG Assessment[M]. Geneva, Switzerland: WHO Press.

后　记

　　为了更好地满足全国各地农村改厕的技术需求，2019年6月份开始，我们组织农村改厕领域相关专家编写本书，经过多次研究论证、评估和修改完善，现在终于出版。

　　本书的成果凝聚了各方的智慧。中国疾病预防控制中心农村改水技术指导中心研究员付彦芬作为本书主编，拟定了编写提纲，撰写了部分章节，并进行了统稿、校稿。中国疾病预防控制中心农村改水技术指导中心助理研究员樊福成、研究生胡海娟，辽宁省疾病预防控制中心教授级高级工程师纪忠义、中国科学院生态环境研究中心副研究员陈梅雪、农业农村部环境保护科研监测所研究员郑向群、湖北省疾病预防控制中心副主任医师孔林汛、扬州市卫生健康委员会吉华祥等，撰写了相应章节的初稿。农业农村部沼气科学研究所施国中研究员作为审稿组组长，中华预防医学会农村饮水与环境卫生专家委员会研究员陶勇、中国农业科学院农业环境与可持续发展研究所研究员朱昌雄、中国科学院生态环境研究中心研究员范彬、北京科技大学教授李子富、山东农业大学教授徐学东、农业农村部规划设计研究院高级工程师沈玉君等专家，对本书内容从框架到技术细节一一进行了审核。农业农村部农村人居环境整治工作推进办公室孙丽英、徐彦胜、刘翀等提出了宝贵的意见建议。付小桐为本书制作了插图。感谢各位专家的辛勤付出，也感谢各位专家所在单位对本书编写工作给予的大力支持！同时，因本书的编写、出版涉及人员众多，可能有所遗漏，在此也一并表示感谢。

　　农村改厕工作是一项复杂的系统工程，技术性强，涉及面广，编写这样一部实用技术图书时间紧迫、任务艰巨。希望社会各界读者特别是行业管理人员对本书多提宝贵意见和建议，我们将进一步深化相关问题的研究，在不断实践的基础上对本书进行丰富完善。

编　者

2019年12月

图书在版编目（CIP）数据

农村改厕实用技术／农业农村部农村社会事业促进
司编．—北京：中国农业出版社，2019.12（2020.6重印）
　ISBN 978-7-109-25985-0

Ⅰ.①农…　Ⅱ.①农…　Ⅲ.①农村-公共厕所-改建
项目-研究-中国　Ⅳ.①TU241.4

中国版本图书馆CIP数据核字（2019）第219443号

中国农业出版社出版
地址：北京市朝阳区麦子店街18号楼
邮编：100125
策划编辑：徐　晖　郑　君　　责任编辑：郑　君　　文字编辑：耿增强　郑　君
版式设计：王　晨　　责任校对：沙凯霖
印刷：北京缤索印刷有限公司
版次：2019年12月第1版
印次：2020年6月北京第2次印刷
发行：新华书店北京发行所
开本：880mm×1230mm　1/32
印张：4.75
字数：196千字
定价：49.00元